Idea man

仕事のミスが激減する「手帳」「メモ」「ノート」術

一流商業人士都在用的

行事曆・備忘錄・筆記活用術

上班族必備！

工作不失誤、不遺漏
不延遲的關鍵技巧

Vitamin M株式會社
董事長／企管顧問
鈴木真理子——著
陳美瑛——譯

推薦序——善用筆記術，精進每一天

我愛寫筆記，也喜歡用行事曆和備忘錄來充當「第二大腦」。除了喜歡親炙紙筆的緣故，也因為人類本身就是一種健忘的動物，而我們的大腦在本質上更是懶惰的。所以，為了記得重要的事務，我們必須勤加記錄。

記得幾年前還在媒體擔任主編時，面對忙碌而龐雜的工作，我很依賴諸如Evernote、Dropbox等數位工具來管理忙碌的工作。但這幾年成為自由工作者，也開始營運幾個網站和顧問諮詢等事業，反而更習慣使用紙筆和記事本，記錄各種工作事項或天外飛來一筆的靈感。

我也常在「我愛寫筆記」（https://www.notetaking.club/）網站以及臉書上的同名社團與粉絲專頁上頭，跟大家分享自己的筆記活用術。也因為開始經營筆記社群的關係，赫然發現原來有許多人都喜歡用筆記、備忘錄或行事曆來記錄工作和生活的重要事項呢。

當然，透過與社團成員們的互動也讓我理解，其實很多人雖然理解做筆記的重要性，但卻不容易掌握記錄的訣竅。所以，我很高興看到商周出版在此刻引進了《一流商業人士都在用的行事曆．備忘錄．筆記活用術》這本好書，作者從上班族的角度切入，幫大家整理了六十六項有關行事曆、備忘錄和筆記術的重點，可以說是相當地實用。

這本書不談複雜的大道理，每一章的內容卻都緊扣著我們的日常生活，可以說是一本實用的工具書。讀完本書之後，我更驚覺原來自己這幾年若干做記錄的習慣，和作者的理念不謀而合呢！在我看來，作者所介紹的各種記錄技巧不只是筆記術而已，更是得以提昇工作效率和減少各種生活煩惱的好方法。

作者前言提到人是健忘的動物，所以如果想要做到不失誤、不遺漏和不延遲的「三不」境界，我認為一定要巧妙運用「第二大腦」──也就是數位筆記工具或可以隨身攜帶的紙筆哦！

舉例來說，現在若有安排工作會議，我會立刻把重要資訊登錄在隨身攜帶的行事曆上，等有空的時候再同步到智慧型手機和電腦上。使用紙本行事曆還有一個額外的好處，就是可以在接電話的同時翻閱行事曆，如此一來就不會耽誤行程的安排。別小看這個動作，不但會提高工作效率，一如作者提到的，也能讓人產生信任感，這的確是很重要的細節。

此外，我也很愛使用隨身攜帶的小筆記本來捕捉靈感，等到有空的時候再透過數位工具整理到電腦與雲端之上。整體而言，我認為筆記術是每一位職場人士都需要具備的技能，就跟外語以及資訊能力一樣重要！

很誠摯地跟各位朋友推薦《一流商業人士都在用的行事曆・備忘錄・筆記活用術》這本好書，很適合利用零碎時間讀取自己感興趣的單元。更重要的是不只閱讀，更要記得實踐和活用唷！

最後，也歡迎大家加入「我愛寫筆記」社群。讓我們一起善用筆記術，精進與豐富我們的日常生活。

「我愛寫筆記」網站創辦人 **鄭緯筌**
https://www.notetaking.club/
https://www.facebook.com/note.taking.club/

前言——人是健忘的動物，所以更要記錄

工作上不犯錯的人都會有一個共同的習慣。

那個習慣就是——記錄。

像是：與人約定好了，馬上寫在行事曆上；一邊聽著主管的指示，一邊寫在備忘錄上；聽客戶述說他們的要求時，自己也同時做筆記寫下重點。

若不想出錯，最重要的就是現場立刻記錄下來。

「我看這本書就是想知道祕訣，原來只是這件事啊？」、「做記錄這不是很一般的方法嗎？」請各位不要太快下這種定論。

舉例來說，假設現在要確認行程的安排。

就算你以為「這點事我用腦子就記得住」，你的記憶也可能會變模糊，或記錯日期等等，相信大家都有過類似的經驗吧？

相信自己當然很重要，但千萬不能過度自信。因為人是健忘的動物。

「只是做個記錄就可以減少失誤，這樣我應該也辦得到」，如果像這樣轉念的話，心情上是不是變得比較輕鬆呢？

記錄的方法除了文字，還有聲音或影像等方式。在數位科技日新月異的時代中，利用電腦或手機記錄，或許速度更快也說不定。

但是，我還是希望各位以手寫的方式記錄資料。理由容後詳述。

我目前是商業顧問，也以寫作維生。

那麼，我是不是本來就習慣記錄大小事情呢？其實不是的；還是說，我以前就習慣利用行事曆管理工作行程？也不是的（笑）。我可以很肯定地告訴各位，我就是因為都不做記錄，生命中才會一直發生令人不可置信的錯誤與失敗。

雖然我以前是那樣的人，不過前一陣子，舉辦研討會的公司員工還稱讚我：「鈴木小姐是優等生，所以不用擔心。」對我讚譽有加。仔細詢問之下，才知道研討會發生過好幾次講師沒有到，或是令人直冒冷汗的緊急情況。據說那些講師們不是記錯時間而遲到，就是忘記研討會的日期而根本沒出門等等。

也就是說，我之所以被稱讚是「優等生」，是因為我「不會記錯時間或日期，所以讓人覺得放心」。

另外，當我接受雜誌或報紙採訪時，偶爾會被對方要求：「可以借看一下您的行事曆嗎？」「您記錄的頁面可以讓我拍照嗎？」雖然我不覺得自己做了什麼特別的事情，但是我個人的一些小創意好像對其他人有所幫助。

本書將介紹我這個從不做記錄變成會做記錄的人，到底使用了哪些方法來減少錯誤。

現在，不僅是工作方面，就算在家中、電車上，還有跟別人喝酒聚會時，我也都會做記錄。雖然身邊的人都會笑說：「筆記狂人來了！」但我認為，就是因為這麼做，才能夠將失誤降到最低。

本書共分為七個章節，從第一章到第六章，分別介紹減少工作失誤來保護自己的各種技巧。以經常發生的失誤為基礎，具體教導各位如何大幅降低犯錯的機率。

另外還輔以大量的插圖與圖表，希望各位以輕鬆的心情閱讀。還有，如果在書中發現「這個方法可以用」，也請務必善加運用於工作與生活之中。

最後一章的第七章中，我將提出能夠幫助各位消除工作失誤，同時也能達成目標的有效建議。企盼能夠協助各位達成夢想，因而提筆寫下本書。

記錄是不會背叛你的。當你感到困惑時，記錄會溫柔地伸出手來解救你。從今天起就請開始動手記錄來減少失誤吧！你會發現，無論是工作或人生，成功將有如探囊取物般地容易。

鈴木真理子

第3章 備忘錄的基本知識

第4章 備忘錄的具體使用方法

第5章 筆記的基本知識

第6章 筆記的具體使用方法

第7章 可實現夢想與目標的記錄術

第 1 章

行事曆的基本知識

01 行事曆可以挽回你的失誤

已經習慣使用行事曆，或是曾經用過行事曆的讀者，是什麼時候開始使用行事曆的呢？我自己開始使用行事曆是三十二歲的時候。「什麼！你那麼晚才用行事曆？」相信許多人聽了都會大感驚訝吧。

其實，在我學會靈活運用行事曆的功能之前，我曾經犯過許多令人無法置信的錯誤與失敗。

首先，讓我說說我高中時代的故事吧。

學校的開學典禮，代表長長的假期結束，新學期開始的日子。但是，我卻曾經完全忘記開學典禮這回事，還悠閒自在地在家裡放大假。大家都覺得非常不可思議，怎麼有人會忘記這麼重要的日子？

另外，考大學遞交申請書的截止日期、大學錄取後繳學費的日期等等，連這些重要的事情我都會忘記。

就是因為受到這樣的打擊，所以一進入大學，我就買了一本行事曆。那是一本皮革封面，可以更換內頁的行事曆，記得價格是一萬日圓左右。

當時流行高檔行事曆，這樣的行事曆在別人面前拿出來也可顯現自己的品味。但是，斷斷續續寫著，跟日記一樣無法長久。因此，我也無法說我「曾經用過行事曆」。

學校畢業後，在保險公司工作的十年當中，我一直擔任行政職。由於工作內容是固定業務型態的助理工作，所以幾乎沒有機會與公司外部的人接觸或外出。當時我是在辦公桌上放一本桌上型行事曆，記錄文件截止日期或會議時間。

即便如此，仍舊無法阻止錯誤的產生。

因為我會**忘記記錄，或是因為行事曆的格子太小，記錄的項目太多，以致於漏看了重要事件**。有時候則是因為字寫得潦草又擠在一起，連自己也看不懂自己寫的內容。

相信讀者看到這裡，就知道我絕不是一個一絲不苟的人了吧。那麼，我是從何時開始使用行事曆的呢？我是從保險公司離職，從事自由業後才開始使用行事曆的。在沒有主管、前輩，也沒有公司名號加持的情況下，我終於決定至少要利用行事曆來做好自我管理。

進入公司，日後成為高階主管，或許就有祕書幫忙處理大小事物；就算是資淺的搞笑藝人或是一般藝人，在空檔期間也有經紀人幫忙打理一切。**商業人士則多半必須靠自己管理行程**。

不僅如此，如果犯下粗心的錯誤，就會遭到超乎想像的損失或打擊。

這時，就是行事曆發揮功用的時候了。

話雖如此，光是買本行事曆還不夠，隨身攜帶行事曆也不夠，要能夠靈活運用，才能夠充分發揮行事曆的威力。

行事曆可以預防行程安排發生失誤，也可以幫助你提高安排事情的能力。而且，花一千～三千日圓就可以買到好用的行事曆，是CP值很高的商品。我可以篤定地說，行事曆是值得信賴又方便的工具，真的沒有理由不使用行事曆。

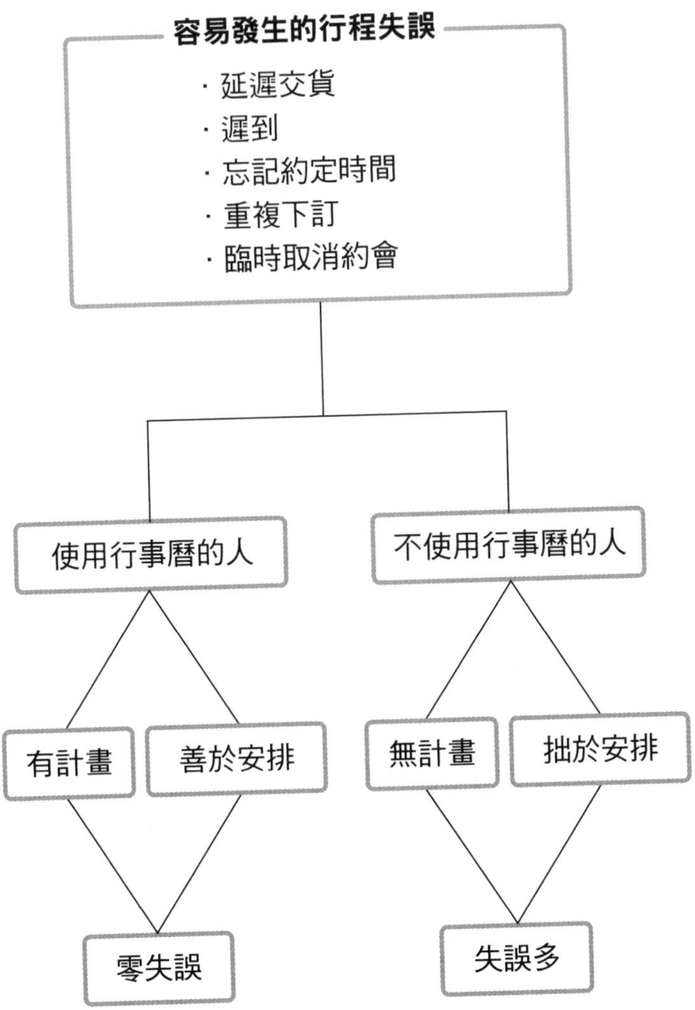

◎ 行事曆是消除失誤的必備工具。

02 選擇適合自己使用的行事曆

「要選擇什麼樣的行事曆呢？」評估這個、煩惱那個，這其實也是很有趣的過程。

不過，在購買行事曆之前，請先等等。如果只是因為看起來很有設計感就掏錢購買，一定會買到不合用的行事曆。請先靜下心來思考自己每天「想寫些什麼」，以及書寫的「內容多寡」。

以下舉出上班族經常會記在行事曆上的內容。

①**約會或文件的截止日期**……約定事項
②**待辦事項清單**……今天預定要做的事情、一天的計畫
③**日記**……今天的回顧

當然，其他還有天氣、飲食內容、體重等等，內容因人而異。不過，若要說工作上必須記錄的前三名，大概就是上述這三項吧。

行事曆上一定要寫的就是「①約會或文件的截止日期」。也就是說，行事曆上一定都會印上日曆以及個人可自由書寫的空格。當天日期只記錄重要事項，一年期間的預定事項，則依照時間序列清楚列出。雖然這聽起來很理所當然，但是這樣就可以不用重新填寫或插入日期，是非常方便的做法。

最重要的是，如果在行事曆上記錄每天與別人的約定或截止日期，就可以預防不小心忘記等不可原諒的失誤。就算不用記在腦中，光是看行事曆就能夠立即掌握自己的行程。利用這樣的做法，任何人都能夠確實減少失誤。

行事曆有月曆、週曆以及日曆等類型。依照你想在行事曆上記錄的內容來選擇適當的類型即可。

首先，月曆型行事曆是一翻開，就可以鳥瞰一整個月份的預定事項。因為尺寸小，頁數也少，非常輕薄而利於隨身攜帶。對於只需記錄與別人的約會日期或文件截止日期的人而言，月曆型行事曆可以鳥瞰一個月份的時間安排，立刻就可以回答有空的時間。

順帶一提，我個人是使用月曆型行事曆。在每一天長、寬各三公分的方格中，記錄一天內的事項。另外，我把待辦事項記錄在備忘錄上，而非行事曆裡面。

其次是週曆型行事曆，在一頁或跨頁就可以鳥瞰一週的預定事項。

垂直型的行事曆是以時間軸為主，所以適合幾乎每天都要參加公司內部會議或外出的人。也就是說，如果一天有超過三件事需要記錄的話，月曆型行事曆的格子就會不夠寫。這樣的人最好選擇週曆型行事曆。

最後是日曆型行事曆，也就是行事曆一頁～跨頁可以看到一天的預定事項。

由於這種類型的行事曆有許多欄位，所以①約會或文件的截止日期、②待辦事項清單、③日記等回顧的種種內容，都可以寫在裡面。因為頁數多，相對的行事曆的厚度、重量也都增加。不過，這種行事曆的好處是能夠統一彙整各種資訊，也能夠回顧參考記錄的內容。若想要掌握整體的行程，建議與單月份表格搭配使用。

月曆型

一個月預定表

- 想俯瞰一整個月預定計畫的人。
- 想即時掌握是否已經有約的人。

週曆型

一週預定表

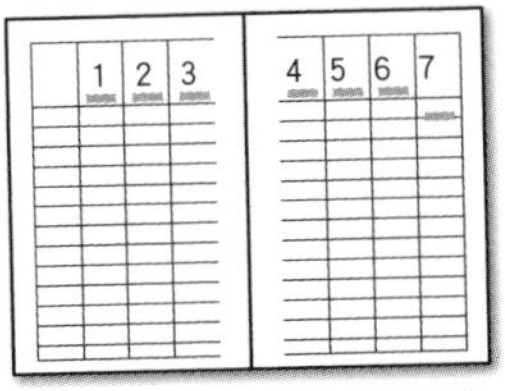

（垂直型）

- 每天都有許多約會的人。
- 想利用行事曆管理時間的人。

日曆型

當天預定表

- 需要記錄的事項有很多的人。

◎ 事先決定想在行事曆上寫些什麼內容。

03 以一項工具管理預定事項

若想要消除失誤，請盡量只用一項工具來管理預定事項。

舉例來說，假設跟別人訂了一個約會。有的人在約定當下就會先寫在行事曆上，後來又寫在桌上月曆，也會輸入手機或電腦的月曆上。因為只記錄在一個地方會覺得不安，所以就多加二個、三個地方提醒自己，設法幫助自己減少失誤。但是很遺憾地，這樣的做法一樣會增加失誤的機會。

基本上，**同時管理多項工具不太可能做得完善，因為我們幾乎可以斷定，謄寫一定會發生遺漏**。

在公司或工作場合中，也會要與主管、同事共享預定事項。例如，有時候文件急需主管用印，卻發現主管已經外出拜訪客戶，並且直接下班回家。為了避免發生這樣的慘劇，應該將彼此的行程公開並視覺化。

如果在職場上是使用Outlook或Google行事曆、Cybozu Live等數位工具，同時自己的行程也使用相同工具管理的人，就不需要分別記錄在不同地方。

問題是使用紙本行事曆的人（本書本來就是為了推廣紙本行事曆，所以指的就是各位讀者）。

基本上，行事曆不是給別人看的，因此如果是需要他人知道的行程，無論是數位或紙本，都必須記錄在行事曆以外的工具上。

最重要的是決定填寫的優先順序。**如果是以行事曆為主，一旦有新的預訂事項，或是有變更、取消等，就要立刻在當場記錄。**

無論有任何更動，都請務必以行事曆為主。這樣就能夠做好統一管理。

行事曆是為自己寫的，共享行程是為他人寫的。這樣的切割是非常重要的觀念。**預定事項先記錄在行事曆上，之後再謄寫於共享行程中。請務必遵守這樣的記錄順序。**

同事們想知道的一定是你外出、開會，或是剛好休假不在辦公室的日子。總之，不用提供寫在行事曆上的所有資訊，只要提供不會為別人帶來麻煩的資訊即可。

其實，我跟我先生的共用行程表也都輸入在Google的日曆上。我先生想知道的只有一件事，就是我會不會回家煮晚飯。因為他不會做飯，所以我不在家的日子，他就會在外面吃飽再回家。

反過來說，我也想知道先生回家吃飯的日子。如果公司有迎新派對或聚餐，都先讓我知道，這樣身為主婦的我就能夠放假一天。

只是，要身為紙本行事曆派的我一一謄寫行程，我也會覺得很麻煩，而經常把謄寫工作往後延。

如果是家人，一聲「抱歉」就可解決。但若不想給公司同事帶來困擾，就事先決定謄寫規則。例如「每週〇」固定謄寫行程。或者也可以依照約定數量決定「每個月第一、第三個星期〇」謄寫、數週謄寫一次等等。

決定好規則後，就要建立一個不會忘記的機制。

做法是，在小張的便利貼上寫「輸入行程」，並貼在行事曆的對應日期。當輸入或謄寫結束，重複利用此便利貼，貼在下一個對應日期。

這麼做不僅可以預防不小心忘記謄寫，也可以省下每次都要把謄寫工作寫在待辦事項清單或行事曆上的時間精力，是非常方便的做法。

步驟 1 **行程管理以行事曆同步作業**

好的，
那天我有空。

步驟 2 **定期謄寫在共享行程表上**

就訂在每週一
上午輸入吧！
待辦事項清單就不需要
再輸入了。

不要同時使用數種工具

桌曆

◎ 同時使用二、三種工具就容易出錯。

04 為何建議使用紙本行事曆？

關於行程管理的工具，是數位行事曆比較好用？還是紙本行事曆比較好用？這對於商業人士而言真是個大哉問。

這個問題既沒有正確解答，公司或主管也無法規定「請一定要使用○○」。因為這要看每個人的習慣來決定。

那麼就讓我們來調查看看，實際上使用行程管理工具時，到底是紙本行事曆的類比派多，還是電腦、手機的數位派多。

根據日本效率協會管理中心的調查結果（二〇一五年）顯示，民眾管理行程的主要使用工具以「行事曆」（三十八點一％）居首位，其次是「智慧型手機」（二十六點六％），第三名是「月曆」（十八％），第四名是「電腦」（九點一％）。

雖然辦公室環境已經普遍數位化了，但是使用行事曆與月曆等類比工具的人占了五十七點八％，高於使用電腦、手機等數位工具的四十一點六％。

其實只要有手機，就能夠管理每天的行程。但是為什麼有人雖然有手機了，卻還要帶一本行事曆，這樣不僅花錢，也會增加重量呀？那是因為仍舊有許多人覺得，紙本行事曆有其不可取代的優點。

若想要減少行程管理的失誤，我建議使用紙本行事曆。**手機的最大缺點就是無法邊講電話邊看行程**。當對方問「約下週好嗎？」你無法立即回答吧。

商場上，大半的場合都要求速度。如果你回應對方：「我確認一下再回電給您。」我想工作應該無法順利進行吧。**一邊講電話、一邊確認行程，或寫下約定的日期，畢竟還是紙本行事曆比較方便。**

在某家公司，有人被主管批評「無法做好行程管理」。因為無論是在朝會報告本週的預定行程，或是被主管問「○○，你今天幾點有空？」他都無法立即反應回答。

這名員工是以手機管理行程。仔細詢問之下，才知道原來他是因為電腦能夠同步管理行程，覺得很方便，所以才選擇數位化工具。只是，就算數位化管理很方便，**也都需要先輸入密碼才能開啟畫面，這樣就會給人「做事慢吞吞」、「工作拖拖拉拉」的印象，更甚者，還會被貼上「無法做好行程管理」的標籤。**只因為外在表現就影響工作評價，真是可惜，也很可憐。

但如果是紙本行事曆，就可以當場立即行動。因為只要取出行事曆並打開，兩個步驟就夠了。當然最重要的是，既不浪費自己的時間，也不剝奪對方的時間，這也算是職場上的禮儀。

另外，**在工作中滑手機，公私難分，更別說在客戶面前使用手機，可能會惹惱對方，覺得你「沒在聽人家說話」、「沒禮貌」**。一支手機確實能做許多事，相反的，也不容易知道到底做了哪些事。

取出行事曆並記錄，這樣的行為就默默地發送「這人能夠確實做好行程管理」的訊息。光是從外在的行為就能夠獲得對方信賴，也能夠讓對方覺得「把工作交給這個人就可以放心」、「想跟這麼謹慎的人共事」，真是一舉兩得的做法。

紙本行事曆 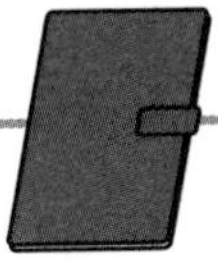	vs 手機 
能夠一邊講電話一邊看行事曆。	無法一邊講電話一邊看行程。
取出→打開等兩個行動。	取出→輸入密碼→開啟畫面等，需要三個以上的動作。
默默地發送「這人能夠確實做好行程管理」的訊息，而獲得他人信賴。	旁人難以看出你在玩遊戲？上社群網站？還是檢查郵件？

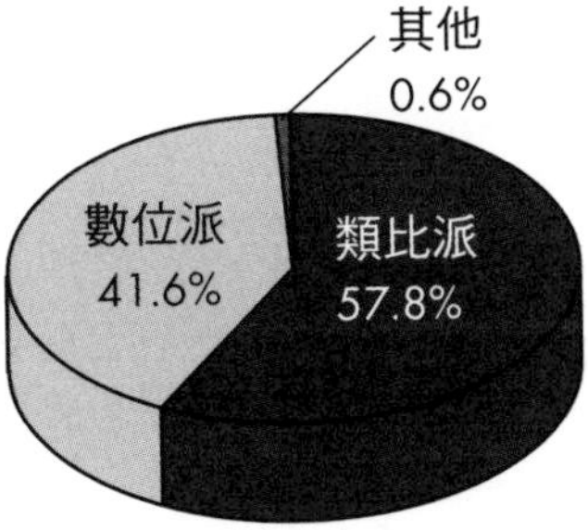

2015 年日本效率協會管理中心調查

◎利用類比工具管理行程。

05 建議培養的四種習慣

無論買了多好的行事曆，是否有幫助還得端看如何使用。請務必把行事曆當成「片刻不離身」的祕書，將行事曆升格為可信賴的親密夥伴。不過，若想要拍胸脯保證「有了這本行事曆，我的行程絕對不會出差錯」，你就要養成以下四種習慣：

①行事曆與筆要放在一起

雖然這個建議聽起來很理所當然，不過，就算手上有行事曆，如果沒有筆可寫的話，那帶著行事曆也就沒有意義了。所以要把筆跟行事曆放一起，這樣隨時隨地都能夠書寫。

特別是有事外出時，剛好手機鈴響，你必須一邊講電話、一邊記錄事項，這時就要單手取出行事曆並且迅速記錄，根本沒有找筆的時間。請準備一支行事曆專用的筆，隨時插在插筆孔或封面上。

②當場書寫

容我一再重複，行事曆要當場記錄，這是預防失誤發生再基本不過的動作了。一旦把這個行動往後延，認為「晚點寫也沒關係」，等時間一久，記憶就變模糊了。

③決定固定的擺放位置

「咦？我的行事曆放在哪了？」每次都要花時間找，這就是浪費時間。為了能夠在瞬間拿到行事曆，請事先決定好放置場所或固定的擺放位置。

當別人問你行程時，你若回答：「我的行事曆不在手邊，晚點我確認後再回電給您。」這樣就是浪費雙方的時間。特別是當對方急著確認行程，而你卻無法即時回應，這樣對方對你的評價就會下滑。所以，請決定一個固定擺放行事曆的位置，這樣隨時隨地都能夠即時回應。在辦公室裡辦公時的固定位置、外出時公事包中的固定位置。只要決定好這兩個位置，大致上就可以放心了。

④隨身攜帶

如果沒有隨身攜帶行事曆，無法當場記錄任何事項，這樣就容易造成行程管理上的失誤。

當行事曆不在手邊而被問到行程安排時，你是不是只能憑著腦中的記憶回答：「我想那天應該有空吧？」明明已經有約卻忘記，輕易答應別人的約定，或是以為「等等再寫就好」，卻完全忘記這回事。**可以說重複約定是沒有行事曆時，最容易發生的失誤。**

若想避免行程安排出錯，請隨身攜帶行事曆吧。**無論是公司內部討論、主管有事吩咐或是外出時，都請務必隨身攜帶行事曆**。如果連通勤、假日或在家中也都看得到行事曆，就會覺得安心。

也就是說，如果是方便隨身攜帶的大小與重量的行事曆，使用起來就很順手。**如果使用過厚、過重的行事曆，很容易就會把行事曆放在辦公桌的抽屜裡擺著**。另外，行事曆的封面顏色通常選擇黑色，不過如果選擇鮮豔顏色，放在辦公桌或公事包裡就容易找得到。

請各位一定要培養以上四種習慣。這些都是不難做到，卻可以為你帶來很大回饋的習慣，也會讓行事曆一下子就成為你工作上的好夥伴。

習慣 1　行事曆與筆要放在一起

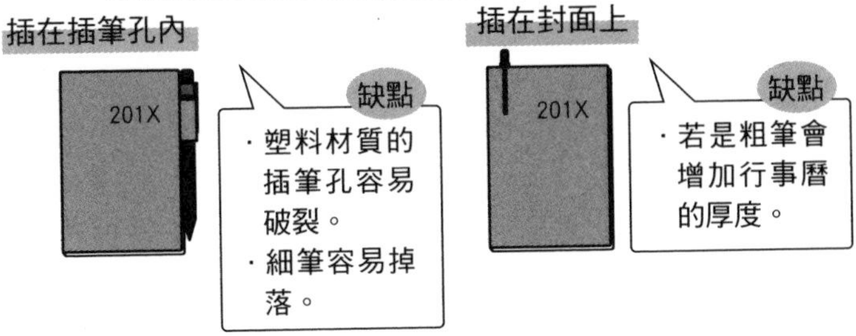

插在插筆孔內
201X
缺點
· 塑料材質的插筆孔容易破裂。
· 細筆容易掉落。
插在封面上
201X
缺點
· 若是粗筆會增加行事曆的厚度。

習慣 2　當場書寫

習慣 3　決定固定的擺放位置

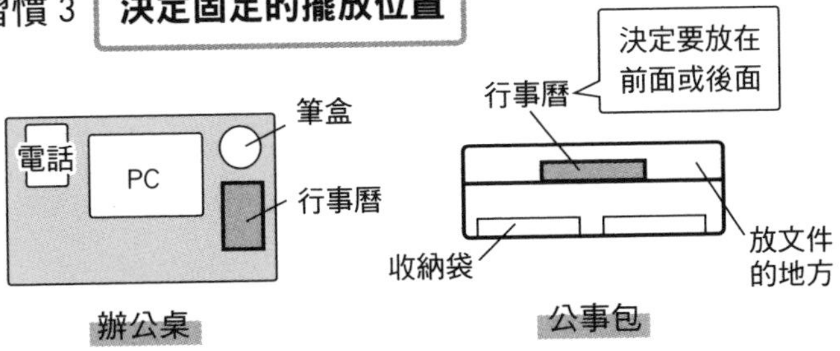

電話
PC
筆盒

習慣 4　隨身攜帶

無論在公司內外，都要隨身攜帶喔。

◎培養四種習慣。

辦公桌
決定要放在前面或後面

收納袋
放文件的地方
公事包

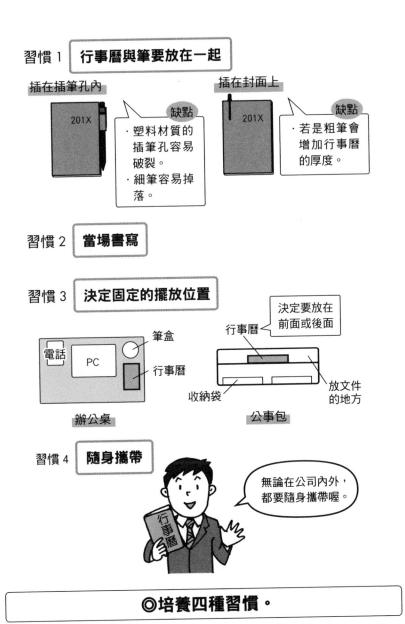

第 2 章

行事曆的具體使用方法

01 以數字確認截止日期

若想避免發生交期延誤，就要清楚訂出截止日期，防止雙方的認知產生誤會。**不要使用「盡快」、「下週前半段時間」、「這個月內」等含糊的用語**。假如對方使用這類的用語，你就要以數字回應並確認：「〇月〇日星期〇，〇點鐘方便嗎？」

因為我們不會把「盡快」這樣的詞彙直接寫在行事曆上吧。**所以請務必把時間轉換成數字資訊，待對方確認後再寫進行事曆中，這樣就能夠消除因誤解而產生的延誤**。

人總是很容易把現場狀況解釋成有利於自己的情況。請託工作的人希望快點得到成果，被請託的人就希望工作時間能夠延長。

另外，一旦自己任意決定交期，就可能產生「說過了」、「沒有說」的紛爭或失誤、錯誤等情況。

無論是從交期反推日期擬訂計畫，或是管理工作進度，都要以數字確認截止日期。這樣就能夠避免交期延誤或溝通錯誤等情況。

步驟 1 **透過數字視覺化**

很不巧我那天剛好有事，
約 3 號可以嗎？

如果交期訂在○月○日星期○17 點
的話，我們就可以如期交貨。

步驟 2 **獲得認可後，立即寫在行事曆上**

◎以數字清楚確認交期。

02 訂出個人的截止日期

一旦延誤交期，就會被嚴厲批評為不遵守交期、不遵守約定的人，或是工作慢吞吞的人。若想避免這樣的情況，就以兩種方法來管理截止日期吧。

我建議的做法是，除了原來的截止日期之外，另外訂一個個人的截止日期。**例如，把對方要求的日期命名為「YOU截止日期」，再訂一個提前一天的「MY截止日期」**。

在行事曆上載明YOU截止日期，然後寫下MY截止日期。如果沒有同時寫下兩個日期，就會搞不清楚真正的截止日期是哪一個，所以請務必兩個日期一組，同時填寫。

雖然在MY截止日期之前交件，但也不能因為過度重視速度而出現錯誤。因此，**請在MY截止日期前完成文件製作，放置一晚後再來檢查一遍**。剛完成文件時，我們總會認定文件內容絕對是「正確」的，因而難以察覺錯誤。隔天等腦子冷靜一點，再回頭檢視文件，就容易發現錯誤。修正內容消除錯誤，提高文件品質後再提交給對方吧。

另一方面，一旦把文件擱到截止日期才送出，有時候也會發生忘記送出的不幸慘劇，而且也會使自己一直處於緊張狀態。所以，完成的工作請陸續交出去，這樣也會減輕工作上的壓力。

寫出每一個步驟，並以箭號連接下一個步驟。
如果只寫「交件」，就會導致疏忽遺漏。

1日(一)	2日(二)	3日(三)	4日(四)	5日(五)
		完成	重新檢視→ 修改→ 主管檢查→ 交件 A公司企劃書 MY截止日期	A公司企劃書 YOU截止日期

YOU 截止日期……　對方決定的原始截止日期。
MY 截止日期……　自己決定的提前截止日期，
比 YOU 截止日期提前一天以上。

重點

- 如果沒有同時寫出 YOU 跟 MY 截止日期，會搞不清楚真正的最後期限是哪天。
- 如果在 MY 截止日期之前就交件，無論如何都不會發生延誤的情況。

◎設定兩個截止日期。

03 寫出著手進行的起始日

若想要消除延誤交期的嚴重失誤，還有一個日期一定要寫下來，那就是著手進行這項工作的起始日。

如果只寫截止日期，就算發現當天已經是截止日期，也無法交件了，因為根本沒有足夠的時間完成該項工作。

安排工作流程的重要步驟是從截止日期往回算，確保足夠的工作時間與天數。也就是說，應該同時關注起始日與截止日。

著手動工的時間越早越好，等時間迫在眉睫才要動手處理，這樣風險太高。因為工作中總會發生插件、特急件，或是身體不適等意料之外的情況。

假如**有多項工作的截止日期都集中在月底等特定日期，就要錯開起始日，這樣就能消除疏忽遺漏，也能夠保持一致的工作品質。**

有截止日期的工作，請依照「YOU截止日期」（與他人約定的截止日期）→「MY截止日期」→「動工日」等順序填寫、管理工作進度。

同時寫動工日期與截止日期的人。
↓
能夠確保充裕的工作時間。
↓
正確、準時交件、品質好。

只寫截止日期的人。
↓
時間快到了才發現還沒動手做，可能沒有足夠時間完成！
↓
失誤、延遲交件、品質堪慮。

截止日期集中在月底等特定日期時

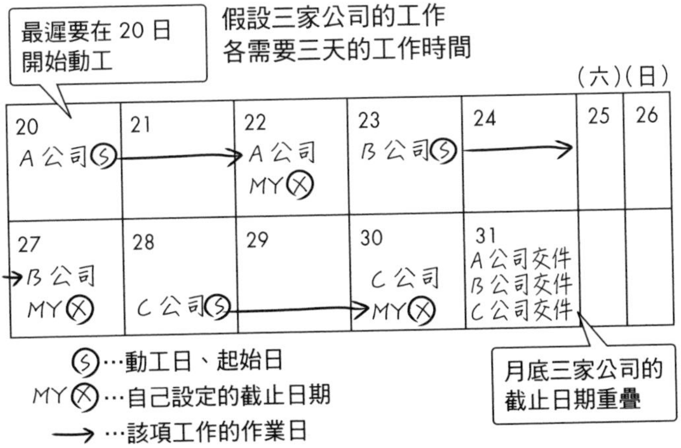

提前交件大家都會開心，
依照完成順序陸續交件吧！

◎同時寫下截止日期與動工日。

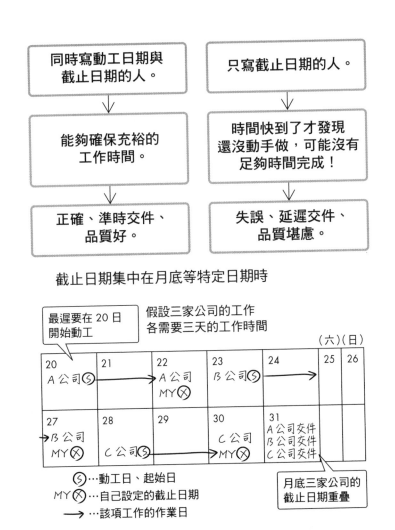

04 先寫出時間

當一個約會決定下來了，你都是如何記錄在行事曆上的呢？時間、公司名稱、事件名稱、目的等等，內容因人而異。

如果腦中想到什麼就寫什麼，每次寫的格式都不一樣，事後要回顧檢視就很不方便。內容亂七八糟的，也會擔心忽略了重要的事情。

因此，建議統一填寫的順序，先寫下時間。例如**「14：00 ABC商會」等，無論如何，都要養成先寫時間的習慣**。

若想避免不小心忘記、遲到、重複約定等問題，最重要的就是把時間視覺化，這樣行事曆裡的資訊就可一目了然。填寫規則要一眼能看清楚時間才行。

另外，**拜訪其他公司時，也要記得寫下對方的窗口姓名**。

因為在對方公司櫃台前，有時候會發生突然想不出對方「到底叫什麼名字」等窘境。在櫃台前拿出手機確認郵件很不得體，也是造成遲到的原因。但是如果在備忘錄上加註對方的資料，就可以放心了。

光是寫下最低限度的必要資訊，行事曆就可以助你一臂之力。

重點 1 **時間寫在前面**

14:00　ABC 商會
時間　＋　拜訪公司

重點 2 **時間以 24 小時制記錄**

✕12 小時制……8 點→是上午 8 點？
還是晚上 8 點？
◎24 小時制……20 點

重點 3 **補充資訊的順序要由大到小**

14:00　ABC 商會　法人業務部　佐藤
拜訪公司名 →　部門名稱　→　窗口姓名

重點 4 **同一天若有數個約會，要依照時間順序排列**

10:00　池田物產
14:00　ABC 商會
↓

重點 5 **如果事先知道結束時間，就可以預先寫下來**

16:00～17:00　讀書會

◎謹守時間永遠寫在前面的規則。

05 寫下必須攜帶的物品

跟別人約定那天，發現「糟了，忘記帶了」，無論是回頭拿或改天再跑一趟送過去，都是很浪費時間的做法。

出差當天，如果要趕火車或飛機時間，更不可能回頭拿東西。

因此，請把需要帶的重要物品都寫在行事曆上提醒自己。**拜訪客戶或顧客的那天日期底下，補充寫下需帶物品，這樣就可以避免忘記的窘境。**

填寫的時候，如果光寫「文件」就太籠統了，有時候甚至會想不起來要帶什麼文件，應該具體寫「宣傳單」、「企劃書」、「估價單」、「合約書」等等；物品的話，也應該具體寫「印章」、「名片〇張」、「伴手禮」等等。

只是，這類的記錄沒必要一直留著，所以可以考慮寫在便條紙上，並貼在行事曆對應的日期下，工作結束後就可以丟掉了。

特別是如果決定碰面跟實際見面的日期相隔很遠，無法完全記得應攜帶的物品。請利用備忘錄提醒自己應該攜帶的物品吧。

忘記帶東西而發生失誤

1. 忘記帶企劃書
   →沒有書面資料，直接以口頭說明，結果沒接到訂單。
2. 出差到客戶公司，忘記帶伴手禮。
   →就算在當地準備，也難以表達自己的心意。
3. 名片不夠發
   →自我介紹時不得體，第一印象不好。

在行事曆上註明應攜帶物品

20	21	22	23
10：00〇〇銀行 (申)	18：00交流會 (名片50張)	10：30□□不動產 (印章)	

申請書……可以簡化為(申)

◎要用心思提醒自己必帶的物品。

06 消除不需要的資訊

「我們是約今天一起吃午餐吧？」好朋友打電話來，語調帶著些許不安。約會是明天，但是他卻搞錯日期，今天就去店裡等我一起吃飯。

隔天，我請他把行事曆給我看。他在連續兩天的日期底下都寫「與鈴木吃飯」。我們幾天前就改變了行程，不知為何他卻沒有刪掉原來的行程，而同時寫下兩天的約定。

改變行程，這是常有的事。若想要避免搞錯時間，在寫下新的行程時，就要同時刪除已作廢的舊資訊。**使用百樂（Pilot）「FRIXION」魔擦鋼珠筆，就可以擦拭原有的筆跡，行事曆就會恢復原來的白底空格。**

如果是以鉛筆書寫，擦拭時需要橡皮擦，這樣很容易把刪除資訊的行動往後延；以一般原子筆書寫，擦拭時需要修正液，這樣更麻煩；如果是畫線刪除，每次改變行程就會增加字數。

行事曆越乾淨，越方便閱讀。所以請快快刪除不必要的資訊，方便自己隨時瞭解最新的行程安排。

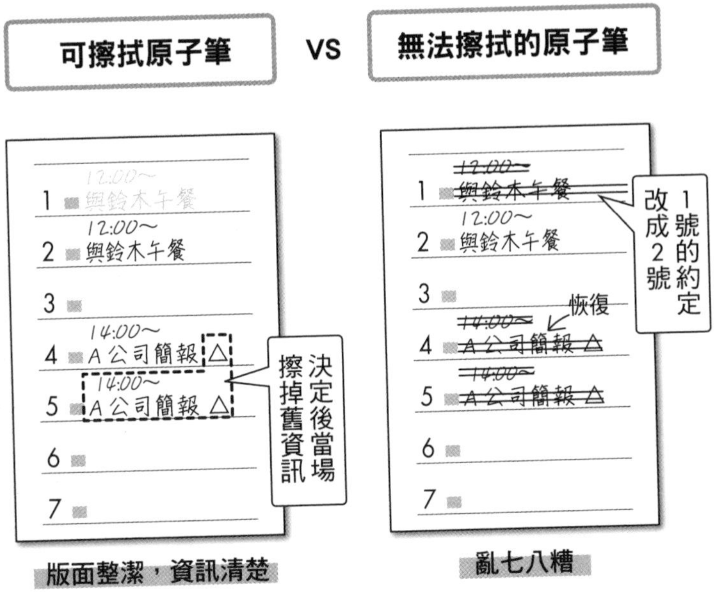

更改之後	
刪除更改前的舊資訊。	隨著更改次數增加，內容也越變越多。
有多個候補日期或暫訂日期時	
先加上△記號，視為已經有約。日期確定後，就刪除不需要的資訊。	過多無用的資訊占據版面，以致於無法寫其他事項。

◎約定事項不重複，無遺漏。

07 用可擦拭的三色原子筆書寫

就算特意記錄在行事曆上提醒自己，如果漏看了訊息，也一樣會錯過重要的約會或交期。**如果只用黑色一種顏色記錄，不容易看出事情的輕重緩急，因此建議各位使用FRIXION的三色原子筆靈活運用。**這樣一眼看去，不同顏色就呈現出視覺上的區別效果。

相信許多人都已經使用0.5mm的原子筆。那麼，各位知道市面上已經有0.38mm的商品了嗎？因為可以寫細字，所以適合用在行事曆上的書寫。

有時候需要一邊講電話、一邊記錄，所以可單手操作的按壓式原子筆非常方便使用。

我自己是這樣區分使用的：「紅色＝截止日期；黑色＝預定外出、約會；藍色＝自己的工作」。各種顏色當中，最顯眼的還是紅色，所以使用紅色就能夠提醒自己不要遺漏截止日期。

顏色如何區分使用端看個人習慣。以公事、私事區分，或者以自己與主管・同事區分，甚至是自己與家人區分等都可以。

建議使用 FRIXION 三色／0.38mm 原子筆

三色原子筆運用法（範例）

黑……與他人有關的工作（預定外出、約會）
藍……自己的工作（應該做的事情、計畫）
紅……截止日期

其他的顏色區分方式：

- 以公事、私事區分。
- 以自己與主管・同事區分。
- 以自己與家人區分。

※訂出顏色區分使用的規則，
然後寫在行事曆的封底，這樣就不會搞混。

◎以顏色區分就不會遺漏重要事項。

08 以可擦拭的麥克筆圈選

如果行事曆只以文字書寫的話，因為版面小，偶爾會發生漏看的情況。

因此，以麥克筆圈起來加強醒目程度，這也是一種彈性運用的方法。**依照工作別改變書寫顏色，這樣就可以一眼看清楚預定的行動。**如果使用FRIXION品牌，麥克筆也能夠擦拭，所以就算變更約定，行事曆也不會髒污難辨。

FRIXION的麥克筆有原色及淺色系列，後者的溫柔色調適合行事曆使用。公司內部會議使用淺綠色、預定外出使用淺粉紅色、休假使用淺紫色等，請都先決定好使用規則。由於圈出來的地方會更加顯眼，所以能夠立即判定「已經有約」，這樣就能夠預防重複約定。

更進一步地，**看看麥克筆顏色的分布，可以一眼看出自己的時間分配，或是檢視是否有好好休假。**

我會用淺粉紅色圈出研習課程或研討會的日子。由於已經設定目標「一個月要有十天粉紅色的日子」，所以光是看行事曆，就能夠簡單管理工作進度，並進行自我評估。

如果只有文字，很容易漏看

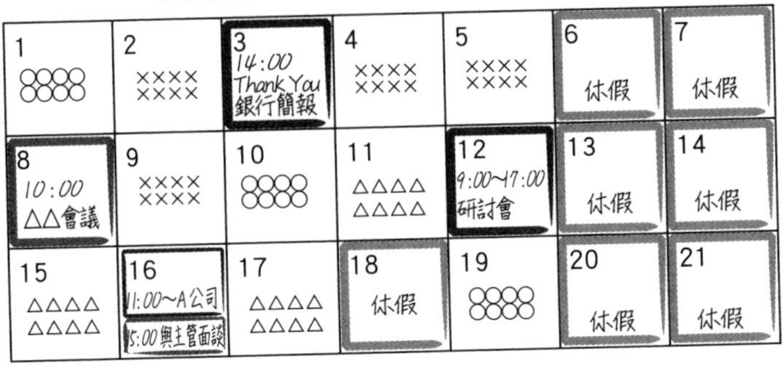

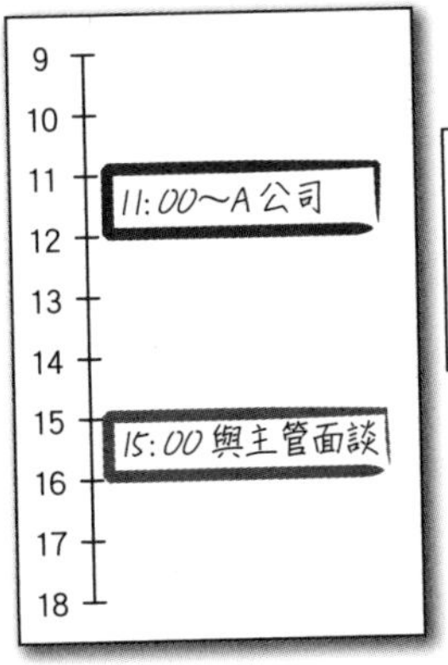

以顏色區分的規則（範例）

淺綠色　……公司內部討論
淺粉紅色……預定外出
淺紫色　……休假

優點

- 重要事項更加醒目→不會遺漏。
- 一眼看出是否已經有約→不會重複約定。
- 簡單看出時間分配的情況。
- 能夠設定目標並且管理進度。

◎圈選出絕對不可遺漏的重要約定。

09 以簡潔易懂的方式書寫

行事曆每天的填寫空格並不大，如果這也寫、那也寫，版面就會變得擁擠而難以辨識。如果不想遺漏重要事項，請記得務必保持版面的整潔。比起仔細閱讀記錄內容，更重視一目了然的簡潔程度。

在此建議兩種書寫方式。**首先是減少字數**。請不要寫冗長句子，以簡單的名詞結尾或是使用簡稱。

其次是使用符號或縮寫。例如「截止日期」等四個字可以用「〆」的符號代替，這樣四個字就可減少為一個字；預定去郵局或外出寄信，就以「〒」代替；移動地點使用「↓」，例如「池袋↓新宿」、「A公司↓B公司」等。總之，請事先決定好方便使用的符號。

公司的同事可以制定名字的漢字以〇圈起來的規則，例如鈴木以「鈴」代替，這樣做自己也容易明白。

只是，**如果想到一個就設定一個縮寫，這樣縮寫會越增越多，反而會搞混自己當初設定的規則，這點要特別注意**。例如「M」指的是電子郵件還是會議？萬一搞錯就會發生失誤。決定設定規則後，寫在行事曆上，或是寫在大張便利貼，再貼在行事曆上就可以了。

減少字數

拜訪綜合商社 A 公司
→拜訪 A 公司

名詞結尾

花丸顧問公司做簡報
→花丸簡報

縮短名稱與用語

使用符號與縮寫

截止日期	(メ)	
郵局（寄信）	(〒)	
移動地點	→	池袋→新宿 A 公司→B 公司
打電話	Tel	
同事的名字	(鈴) (田)	以○圈起名字的一個字 (鈴)……鈴木部長 (田)……田中先生

※為了避免忘記自己制定的規則，在封底等處寫上設定的規則。要注意，規則若過多，很容易混淆。

◎看一眼就懂的記錄方法。

10 在辦公桌上攤開行事曆

坐在辦公桌前辦公時，請把行事曆攤開來吧。

如果保持隨時都看得到行事曆內容的狀態，就能夠減少漏看訊息的失誤。

我以前曾經完全忘記交件日期而被客戶催件。當我腦中浮現「完蛋了！」，打開行事曆確認時，才發現我也確實記下了交件日期。那麼，為什麼我還會忘記送件呢？那是因為我沒有回頭檢視行事曆的緣故。為此，**我也檢討自己不能只是做好記錄就覺得放心**。

從那之後，只要坐下來辦公，我就會打開行事曆並立在閱讀架上。

為什麼要挑選閱讀架擺放行事曆呢？因為直立狀態比平躺狀態更方便閱讀，也比較省空間。多虧用了這個方法，我養成一天要看好幾次行事曆的習慣。由於事先已經決定好固定的擺放位置，所以不用花時間到處翻找行事曆，真的非常方便。

如果一直把行事曆放在辦公桌抽屜或公事包內，相信拿起來翻閱的次數一定會減少吧。因為每次拿取都會覺得麻煩，也容易產生「晚點再處理」的疏忽心態。

一旦採取就算討厭也看得到的策略，就能夠減少不小心的失誤。

立在閱讀架上

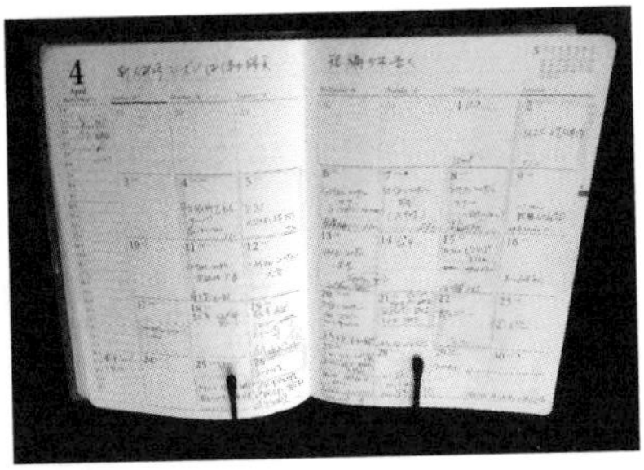

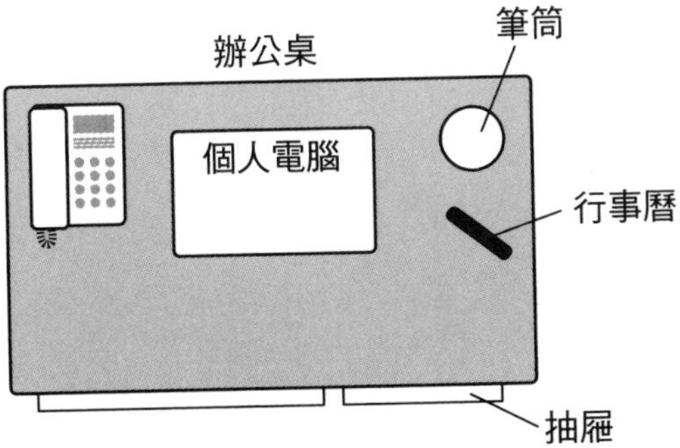

許多書店都會販賣閱讀架。

如果把行事曆放在抽屜或公事包
→翻閱行事曆的次數就會減少。

◎保持隨時能夠檢視行事曆的狀態。

11 同時檢視次頁才能放心

行事曆最危險的地方就在次頁。

因為使用者總是不知不覺就把重心集中在「現在」。

使用月曆的人會專心檢查這個月、使用週曆的人會專心檢查這週、使用日曆的人會專心檢視今天的預定事項。相對於此，我們鮮少會去翻閱下一頁行事曆。

舉例來說，**使用月曆的人，如果只把重心放在這個月的頁面上，就容易忘記下個月月初的預訂事項**。就算到了月底，覺得「這個月也順利結束了」，可以鬆一口氣了。但下個月還是有工作要做吧。一旦進入下個月，才發現有工作還沒開始動手進行，可能就會來不及了。

過度集中焦點造成短視是不行的，抱持著如飛鳥般的高度視野，俯瞰整體狀態是很重要的工作態度。

無論使用哪種類型的行事曆，都應該俯瞰整體的行程安排之後，再來擬訂今天的計畫。建立待辦事項清單時，如果時時掌握長期狀況再來擬訂計畫、調整工作進度，這樣就能夠避免失誤。

年度→上半年・下半年→每月→每週→每天

◎確定既有約定之後，再建立待辦事項清單。

12 記錄電話號碼與密碼

為了預防忘記帶手機或手機沒電等狀況，請將電話號碼與密碼寫在行事曆上。

首先是電話號碼。就算記得自己的電話號碼，也不可能完全記住其他每個人的電話號碼。**應該記下來的有公司電話、主管與同事的手機號碼、主要客戶、家人工作場所的電話與手機號碼，以備不時之需。**

與初次見面的人會面時，在行事曆的備註欄寫下對方的電話號碼就可以放心了。

其次應該記下來的就是密碼了。

你會從手機連結哪些網站呢？以我個人來說，我最常連結的就是JR的Express網站。新幹線的預約可以在電腦上執行。但是出差中想改變時間時，就得靠手機處理。因為車站的服務櫃台無法提供此項服務。

以前曾經發生忘記密碼而無法登入，事情變得很棘手的情況。從那之後，我就養成把密碼寫在行事曆的習慣。

不過，一旦遺失行事曆，密碼可能遭人惡意使用，這點也要多加小心。

電話號碼與密碼要記在行事曆上

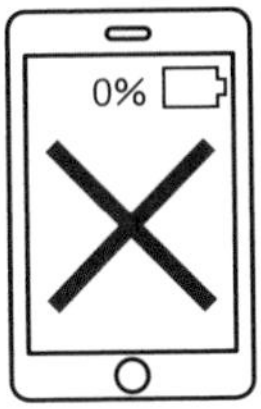

為了預防手機沒電或故障

- 工作場所的固定電話號碼。
- 主管與同事的手機號碼。
- 主要客戶的電話號碼。
- 家人工作場所的電話號碼與手機號碼。
- 經常連結的網站密碼。

與初次見面的人約見面時

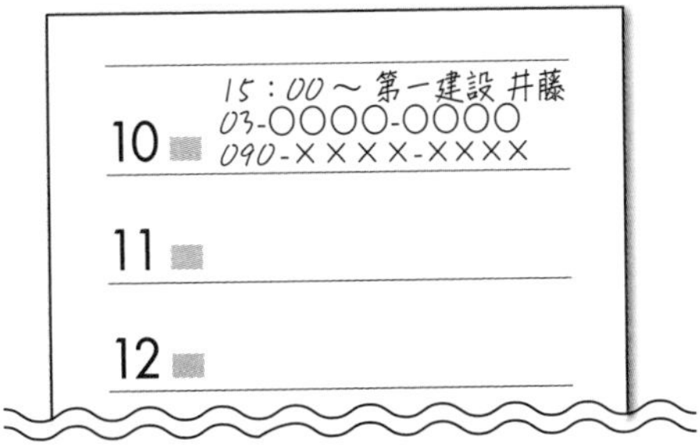

- 填寫拜訪公司的電話號碼。
- 填寫洽談對象的手機號碼。

◎不要過度依賴手機。

13 先寫下感到興奮的預定事項

工作通常會產生壓力。雖說如此，我也不希望自己陷入每每翻開行事曆，內心就會產生「唉～這個不做不行，那個也非做不可」的心態。

要設法讓翻開行事曆成為一件開心的事，有些事項就應該優先填寫，那就是覺得興奮的預定事項。

例如，發薪日或領獎金的日期、自己或家人的生日、〇〇紀念日等，這些都是事先就知道的日期。寫行事曆時，請先填寫這些令人感到開心的事項吧。

無須區分公事或私事，可以兩者一起填寫。新年假期、暑假以及特休等都是勞工應有的權利。如果考慮「這段期間想休假」，就快快寫下「休假（暫定）」吧，然後再向主管提出申請。

行事曆是安排工作的最佳工具。然而，**如果光記錄工作相關的事情，就會導致工作失去幹勁、工作品質低落，或是作業出錯等問題。**

利用行事曆妥善安排，必能達到工作與生活取得平衡的目的。

只記錄工作將得到反效果

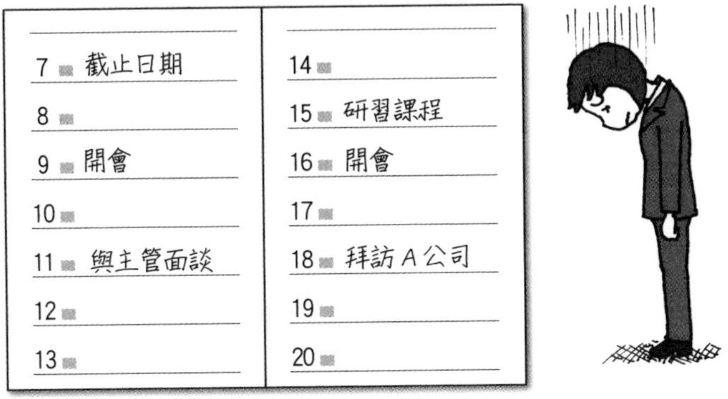

公私混和記錄

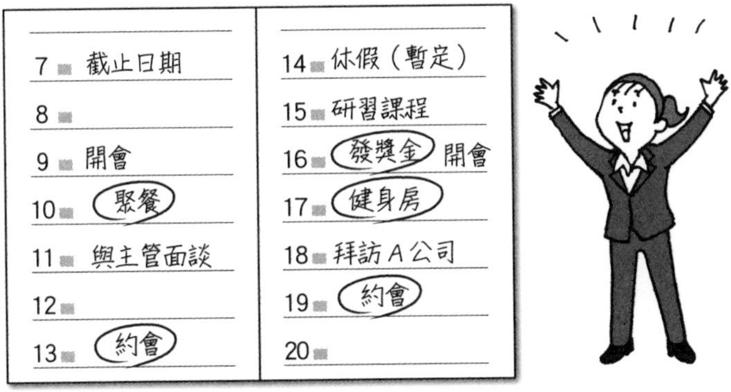

◎行事曆公私混用才是正確的用法。

14 確保自己的私人時間

工作受託或與人有約，若有「絕對不能忘記」、「絕對不能遲到」的情況，請務必在行事曆上確實記錄約定事項。

仔細想想，跟自己的事情相比，我們總是很容易優先處理與他人約定的事項，甚至臨時插入的工作也會急著做完。一旦全盤接受這種狀況，每件事都說「沒關係」，那麼好不容易精心安排的計劃就會變得混亂，也可能使自己陷於走投無路的窘境。

內心有底的人，請養成由自己主導安排工作的習慣吧。

無論是獨自思考、事前調查，或是做行政工作、單純作業等，都是重要的工作。如果不把這些工作視為「自己的時間」，並確實記錄在行事曆上，就會誤以為「因為空白，所以有空」，而不斷塞進其他事情。

這麼一來就會失去自己的辦公時間，最後急忙地處理自己的工作而導致失誤，遑論精神上總是處於緊繃狀態而累積壓力。

如果把辦公也列為預定事項並記錄在行事曆上，一眼就可以看出自己「已經有約」。

所謂「自己的時間」，如字面所示，就是要空下來給自己使用的時間。

空白＝有空嗎？

1	2	3	4	5	6
				企劃書截止日	

1 號

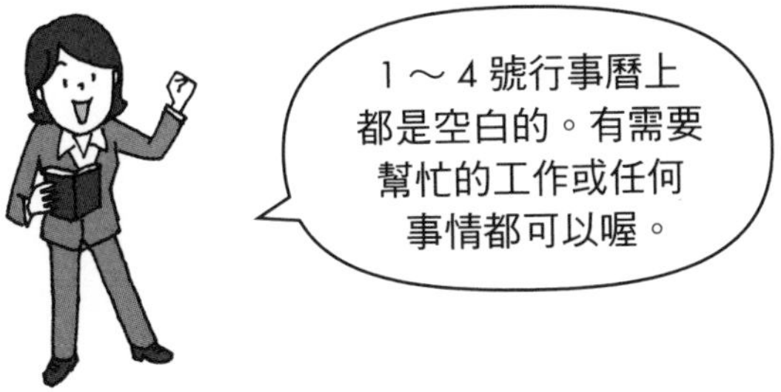

1～4 號行事曆上都是空白的。有需要幫忙的工作或任何事情都可以喔。

5 號

企劃書寫不完……因為每天外出以致於落到如此下場！

辦公事項也列為預定事項

一件工作也需要許多作業時間

1	2	3	4	5	6
閱讀去年之前的企劃書	想點子做筆記，向主管報告	製作企劃書	檢視企劃書 MY⊗	準備日 企劃書截止日	

◎先在行事曆上預約自己的時間。

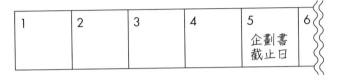

15 記錄健康日記

為了避免重要的工作開天窗，請做好個人的健康管理。但人畢竟吃五穀雜糧，無法保證自己絕對不會生病。倒不如說，每個人的身體都有各自不同的弱點。若是如此，與自己的弱點和平相處，就顯得格外重要了。

在行事曆上記錄自己的身體狀況，將有助於自己的健康管理。

其實我有偏頭痛的老毛病。從高中時期開始到現在，一直與偏頭痛相處。找知名醫師診斷，醫師給我一本「頭痛日記」要我做記錄。從那之後一整年，我每天都會做記錄，舉凡天氣變化、行動等，只要自己察覺到的事情，我都會記錄下來，然後畫出折線圖。

雖然談不上痊癒。但是多虧有這樣的日記，我就能明白容易導致頭痛的因素。後來，只要有重要工作，我就會提醒自己「少喝酒」、「早點睡」。如果抵擋不住誘惑，事後就會後悔，也因此能夠保持堅強的意志。

希望各位也一樣，針對自己身體較弱的部位，或是感覺不舒服時，可以試著寫在行事曆上。或許這樣就能夠**在平常就養成不勉強自己的生活習慣，或是可以在早期階段就察覺疾病的徵兆。**

你身體的弱點為何？

↓

試著在行事曆上重點式地記錄身體弱點

↓

可以回顧身體不舒服時的傾向

↓

擬訂健康對策，進行自我控制

約會・截止日期等的健康日記

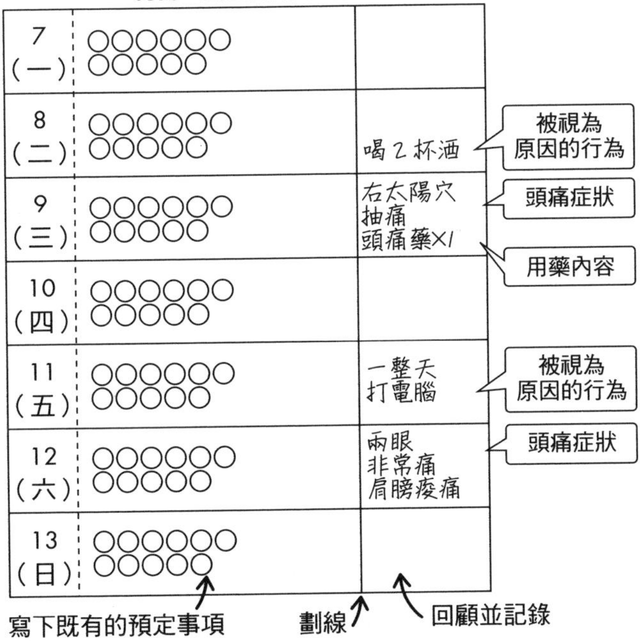

◎與身體的弱點和平相處。

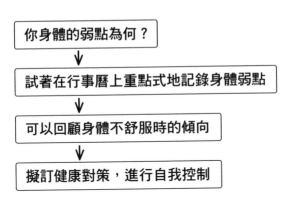

第 3 章

備忘錄的基本知識

01 成為備忘錄狂人！

請試著站在客戶的立場想想看。你想把工作委託給什麼樣的人？什麼樣的人你才能安心委託工作？

如果是我的話，我會希望把工作交給會寫備忘錄的人。

舉例來說，去餐廳用餐，點了飲料與餐點時，有時候會遇到不寫點餐明細的服務生吧。或許對方對自己的記憶力有自信，但是在前往廚房途中，有其他桌客人要求「再幫我拿一瓶啤酒」、「請給我一杯水」等，結果就忘記原先客人訂的餐點。

在這種餐飲店中，經常發生點餐出錯的狀況。

寫備忘錄與不寫備忘錄的人，兩者的差異或許就在於有沒有養成這個習慣。

如果養成寫備忘錄的習慣，失誤就會大幅降低，工作的安排也會做得更好。

另一方面，沒有習慣寫備忘錄的人，就會遭到各種悲慘的下場。**只是偷個懶沒寫備忘錄而已，失誤就大幅增加，工作安排也不順利**。最可怕的是，一般人很難察覺自己出錯的原因是不寫備忘錄，而且身旁也沒有人提醒「寫一下比較好吧」。

到目前為止，我與好幾個「麻煩者」共事過。若要說他們帶給我什麼麻煩的話，大概就是忘記他們臨時想到而下的指示、拜託的事忘記做、同樣的事情一直重複講等等。這些人的共同點就是平常不寫備忘錄，年齡超過五十歲以上。

時間過得越久，習慣就越難改變。長年工作下來，就會受到自己的作業方式或自尊影響而不容易改變習慣。不過，改變習慣永遠不嫌遲。

無論擁有多高的職位或豐富的經歷，無論多麼能言善道，無法遵守約定或是忘記約定的人，就不會受到敬重。

信任並不是一朝一夕就可以輕易得手。不過，如果持續遵守小約定，最後終將獲得「交給這個人就安心」的信賴。

反過來說，**光是養成寫備忘錄的習慣，就可以減少失誤，並且迎合對方的期待**。就算是新進員工或年輕員工，也能夠很快地受託重要任務。

讓自己成為備忘錄狂人吧！

如果因為失誤多而覺得困擾的話，請把自己訓練成備忘錄狂人。

我之所以成為備忘錄狂人，是因為我對自己的記憶力沒有信心。離開辦公桌沒幾秒，我就想不出「我站起來要做什麼？」，這是常有的事。如果忽略這樣的情況，我想我一定會給客戶帶來麻煩的。

請你也跟自己約定，「就寫個備忘錄吧」。

工作能力強與否，並非天生的。只要在重複失敗的過程中，慢慢修正軌道就好了。

沒有習慣寫備忘錄的人，請從今天開始養成這個好習慣。

增加「信賴存款」的餘額

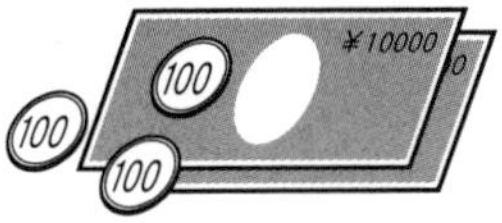
¥10000
100
100
100

	聽人說話時，你會做備忘錄嗎？
	你會遵守承諾他人的小約定嗎？
	你是否會重複相同的失敗？

請交給我處理。
有件事想請你幫忙……（今天還是沒有做備忘錄啊！）

◎寫備忘錄以迎合對方的期待。

02 選擇備忘錄的方法

當我在各公司舉辦研習課程時，發現有人會雙手空空前來上課。詢問之下，對方的理由是「課程注意事項裡面沒寫要帶什麼東西」。但是，都已經是社會人士了，文具用品等物品就算不用提醒，應該也要隨身攜帶吧。

另外，行事曆、備忘錄與筆記本分別是不同的工具。

行事曆是記錄行程用的，如果是工作上的學習或出席會議，把內容寫在筆記本上是最好的。因為當書寫內容一多，行事曆或備忘錄的版面空間就會不夠用。

備忘錄是接受指示、臨時需要記錄時使用的。

如果是年輕員工或助理職位的人，我推薦使用小本的記事本做為備忘錄。由於接受指示的機會較多，所以可放在口袋，隨時隨地都能取出書寫的迷你尺寸是最適合的。

如果是裝訂成冊或是線圈類型的記事本，由於能夠留下前面的記錄，就不會有單張便條紙不小心弄丟，或是夾在其他檔案裡的問題了。

希望各位要注意的是，隨時、隨地、任何事情，都能夠以便利貼代替備忘錄。**但是，便利貼也可能有寫不下，或是因為重複撕貼而掉落等疑慮，所以還是使用一整本的備忘錄比較安心。**當然，便利貼也有非常好用的時候。因為可以貼在任何地方，所以很方便。詳細介紹請參閱本書八十八頁、一〇二頁。

另外，相信有人會利用文件的背面當成備忘錄吧。不過，這樣做會有洩漏文件機密的風險，所以建議還是使用市售的備忘錄。雖然降低成本的觀念很重要，不過小氣策略也可能會造成工作上的失誤，這點請務必注意。

順帶一提，我自己最愛用的備忘錄是銀座伊東屋銷售的legal pad備忘錄。這種備忘錄的紙張非常好撕，所以使用前提是用完即丟。如果要外出，也可以撕下一張帶出門。另外，紙張的頁首部分是紅色，書寫部分是黃色，比起白色紙張更加顯眼，這樣就很容易看到，不容易遺失，這也是我愛用這款備忘錄的原因之一。尺寸大約是三十二開（約十三×十八公分）。

以前我曾經用過贈品的備忘錄，或是把沒用過的行事曆裁成備忘錄使用，不過終究還是不合用。

工作上，選擇適合的工具還是很重要的。

專業的廚師會精選菜刀，美容師會精選剪刀，也會下重本投資。

我從二十多歲就習慣找的美容師是一位堪稱元老級的大師。一問之下，這位大師使用的剪刀價格高達三十萬日幣。據說這是他花好多年才找到用得順手的剪刀，而不是因為高價才買的。也正因如此，大師非常愛惜並重視他使用的工具，令人印象深刻。

就算是坐辦公桌的人，是不是也應該開始挑選好用的工具，整理自己的工作環境呢？**如果講究文具，不僅工作進行順利，也會減少失誤。**如果找到中意的備忘錄，就請多買幾本，以免缺貨時買不到。

依照場合與目的分別使用

行事曆

管理行程

筆記本

工作學習時
洽談時

備忘錄

接受指示時
臨時需要記錄時

備忘錄的各種類型

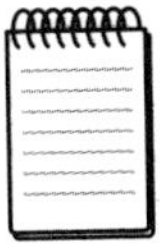

線圈類型

A7、B7 的迷你備忘錄

推薦年輕員工、助理等使用

- 可放在口袋，處於隨時都可接收指示的狀態。
- 選擇不會不小心搞丟或遺失的裝訂方式。

legal pad 備忘錄

推薦進入公司三年以上的人使用

- 主要用在辦公桌上書寫。
- 記錄的內容可以一張張撕下隨身攜帶。
- 不需要時就可以丟掉。

◎找出適合自己的備忘錄靈活運用。

03 樂在工作的方法

請回想一下國中時代，是不是為了應付考試而努力背誦課本內容呢？如果是日本史，就利用「鶯鳴平安京」（譯註）的口訣來記住七九四年的遷都年份。

十多歲小孩的大腦運作應該還算靈活，即便如此，背誦課文也是非常痛苦的。不斷重複閱讀教科書與參考書，在筆記本上一寫再寫，用這樣的方法把知識塞進腦袋裡面。

進入社會之後，新的資訊不斷產生，也不是只要記住一本教科書份量的內容就夠了。因此，如果想要仰賴記憶應付一切，可能就會發生各種失誤。這是本書想要表達的重點。

那麼，隨著時間流逝，腦中的記憶會留下多少呢？以下讓我介紹一個有趣的資料。

德國心理學家赫爾曼・艾賓浩斯（Hermann Ebbinghaus）曾經做過一項實驗：他讓受試者記憶不具意義的三個字母的組合，然後調查受試者在不同的時間階段可回想起多少個字母組合。最後將調查結果畫成一個圖形，即為「艾賓浩斯的遺忘曲線」。

請各位參閱八十三頁的圖形。

譯註：日文為「鳴くようぐいす平安京」。鳴くよ（Na-Ku-Yo）的日文發音與數字七九四相同。

實驗後立即回想，一直到一天後回想，受試者的記憶曲線呈現驟降的形狀。**實驗後二十分鐘忘了四十二%，一小時後忘記五十六%，一天後竟然忘記了七十四%**。

我們從這個實驗結果可以明白，人會隨著時間經過而忘記原來記住的事情。而且遺忘的速度超乎我們的想像。

那麼，記憶力下降除了跟時間經過有關，是否跟年紀增長也有關係呢？

「最近因為年紀大了，變得很健忘」，經常聽到中老年人發出如此的感嘆。其實，當我開立預防失誤的研討課程時，不只年輕員工，連四十多歲、五十多歲位居高層的人也來上課，格外引人注意。

就在不久前，連一級建築師、公司的總務部長也出現在研討課程了。他們的上課動機，據說是自己犯下了連自己都無法置信的愚蠢錯誤。

《如何活到一百二十五歲》（暫譯；125歳まで生きる方法；誠文堂新光社）的作者，防衛醫科大學西田育弘教授指出，每年記憶力逐漸衰退、經常發生健忘的情況，亦即**伴隨著老化產生的大腦功能下降，是每天約有五十萬個腦神經細胞死亡所造成的現象**。

二十多歲的年輕人或許對於老化這個詞彙沒什麼感覺，不過只要是人，每天都在變老。明天比今天老、後天比明天老，每天確確實實地不斷老化。

不管怎麼說，人是會遺忘的生物，所以一旦過度仰賴記憶，就會遭受不可預知的風險。「這點小事，我還記得住」、「手上沒有工具可記，晚點再寫在備忘錄上就好了」。像這樣的小疏忽或準備不周全就會發生失誤。**若想要確實消除失誤，就要盡量在記憶率接近百分之百的時間點立刻記錄下來。**

是否覺得寫備忘錄很麻煩？其實不然，備忘錄也是幫助工作變輕鬆的方法。因為這麼一來你就不用靠腦子記住每件事。每個人都可以馬上動手記錄，更何況這跟年齡、智商沒有關係。

寫備忘錄，在工作上確實獲得成果，或是不寫備忘錄，然後不斷遭遇失敗，兩者相比，你要選擇哪一種做法呢？

艾賓浩斯的遺忘曲線

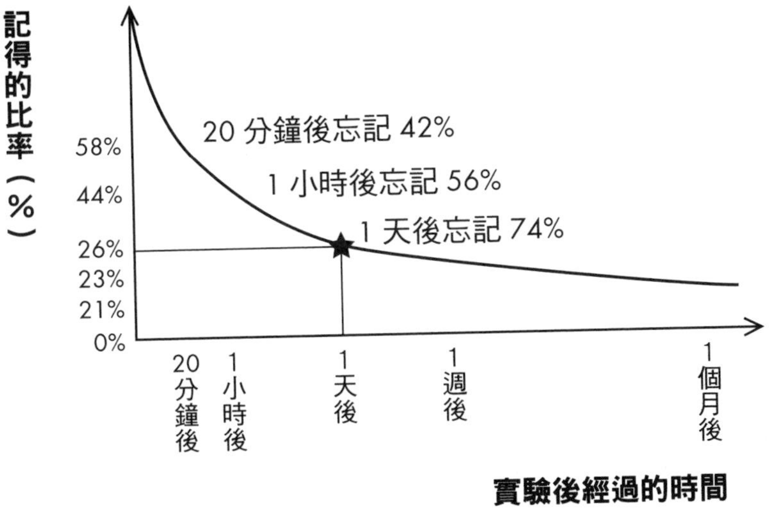

德國心理學家赫爾曼・艾賓浩斯讓受試者記憶一些不具意義的三個字母的組合。

調查受試者遺忘字母組合的速度，並將實驗結果畫成上述圖形。

◎在腦子還記得百分之百的時間之內，盡快記錄下來。

04 「外部備忘錄」與「內部備忘錄」

雖然說寫備忘錄很簡單，但其實備忘錄也分各種類別。若想要減少失誤，希望各位要寫兩種備忘錄，分別是「外部備忘錄」以及「內部備忘錄」。相信這是各位不曾聽過的名稱，所以由我分別說明。

首先是**「外部備忘錄」**。寫這種備忘錄的**目的是為了避免忘記外部進來的資訊**，例如下列的場合：

- 一邊聽主管的指示，一邊記錄
- 一邊講電話，一邊記錄

這些場景的共通點都是「一邊〇〇，一邊記錄」。由於同時進行接收資訊與記錄兩個行動，所以必須做到速記的程度。

其實工作久了，每個人都變得能夠輕鬆速記。但是新進員工就會覺得很困難。在新進員工研習課程中進行電話應對訓練時，每個人都覺得相當驚恐，因為如果專心聽對方說話，就無法同時動手記錄。

寫外部備忘錄是消除失誤的基本功。請養成聽人說話時，同時做記錄的習慣吧。

接下來是**「內部備忘錄」**。這也可以說是**記錄自己想法或創意的備忘錄**。腦中浮現的想法如果置之不理，就糟蹋了好東西。若將想法視覺化，腦中單純的想法就會轉變成具有價值的工作。

想起以前，我是在泡沫經濟時代開始工作的。那時辦公室裡沒有電腦，也沒有手機，商業文件與郵件都是透過郵局寄送。電子郵件剛開發使用時，對我們來說就宛如魔法一般。第一次看到手機時，簡直無法置信「可以帶著走的電話，那是騙人的吧」。

「如果能夠更輕鬆工作就好囉」。我想發明者能夠實現各位的各種願望，一定也是從記錄創意的步驟開始吧。

話題扯遠了。回到主題，**我希望各位每天寫的「內部備忘錄」，就是待辦事項清單**。這與接電話時寫的留言訊息不同，寫不寫待辦事項清單是個人自由。其實，我在研習課程或研討會中詢問過學員，可以說有半數的人回答「沒有」寫待辦事項清單。

待辦事項清單乍看與工作失誤毫無關係。也有人覺得「就算不用特地寫也沒關係」、「太麻煩了」。不過，職場上嚴禁過度自信。**為了避免疏忽或遺漏今天應做的事情，也為了安排工作進度，請瞭解待辦事項清單是工作上的必備工具。**這是可幫助你順利進行工作的內部備忘錄，寫了絕對有益無害。

其他利用「內部備忘錄」解決問題或想出創意的方法，將於第六章詳細介紹。

外部備忘錄與內部備忘錄，兩者搭配使用將會發揮加乘效果。也可以將外部備忘錄定位為輸入功能，內部備忘錄定位為輸出功能。

工作上，沒有輸入就無法輸出。接收上級的指示就要記錄。只是，光是記錄別人吩咐的事情，那還無法獨當一面。

在自己消化吸收並著手處理工作之前，先利用待辦事項清單擬訂計畫，並且安排工作步驟吧。

外部備忘錄

↓

記錄外部進來的資訊

（例）
- 一邊聽主管的指示，一邊記錄。
- 一邊講電話，一邊記錄。

內部備忘錄

↓

寫下自己的想法或創意

（例）
- 整理待辦事項清單。

→避免疏忽或遺漏今天應做的事情，安排工作步驟。
- 篩選企劃案的點子。
- 找出問題發生的原因。

輸入 ——→ **輸出**

◎內與外搭配使用，將達到加乘效果。

05 個人交接備忘錄

我想大家都很熟悉PDCA管理循環。不過為了保險起見，請各位再確認一次吧。PDCA就是指Plan＝計畫、Do＝執行、Check＝檢視、Action＝改善。若想要消除失誤，不斷重複這個循環是很重要的。

那麼，請教各位。

完成一件工作之後，你是如何回顧檢視、改善的呢？

雖說工作忙碌，也不能省卻回顧檢視與改善的步驟。為了自己好，請務必每天都要做到自省的工作。這裡介紹各位一個不費工也不費時，可以輕鬆做到的好方法。

那就是做一份「個人交接備忘錄」。交接備忘錄本來是指工作有異動或離職時，為後來交接者所寫的注意事項，而**個人交接備忘錄是為了未來的自己所寫的備忘錄，提醒自己「下次要注意不要再犯錯了」**、**「如果再加強這部分，就會做得更好喔」**。

特別是已經是第二次、第三次負責的工作，更不想重複犯下相同的錯誤吧。另外，就算稱不上錯誤，也會發現更好的做法。如果腦中想到更好的做法卻毫無作為，就會走向遺忘的地步。

光是把這些提醒寫在便利貼上，就非常有幫助。

這個備忘錄並不是給別人看的，所以不用在意書寫的形式，只要自己看得懂就夠了。從「交接備忘錄」而不是「交接書」的命名來看，也看得出這個方法的簡單程度。

特別是三個月～一年才做一次的工作，就需要依賴這種型態的備忘錄。

以我的情況來說，每結束一場研習課程或研討會，我就會在裝訂相關文件的活頁夾封面裡，貼上用便利貼寫的備忘錄。為什麼是活頁夾的封面裡呢？因為下次再接到相同工作時，這是我一定會看到的地方。

便利貼上會具體寫出「討論○○主題不熱絡，下次改成□□主題？」，或是「有學員反應角色扮演的進行方式不容易理解」。甚至連「時間分配ＯＫ」等進行順利的事項也都記錄下來。這就是所謂的內部資料，與結束研習課程後，提交給委託者的報告不同。

再次接到相同工作時，最先要做的事情就是確認以前寫的備忘錄內容。這樣與客戶洽談時，就能夠立即提出改善的提案，也能夠快速且輕鬆地製作下次課程的教材。

參考備忘錄的內容之後，自己宣告「個人交接完成！」，然後就可以丟掉這張便利貼。因為如果已經達成目的了，就沒必要繼續留下便利貼，同時也不要增加無謂的資訊與紙張。取而代之的是，結束新的工作後，一樣要寫個人交接備忘錄。

假如沒有特別的問題，也可以寫「無須修正」。下次看到這樣的內容，就可以立即著手進行工作，不用特別回憶前一次的工作過程。

一旦開始寫個人交接備忘錄，就不會重複相同的失敗。這樣的習慣重複幾次，工作就能夠獲得預期的成果。

給自己的交接備忘錄

便利貼的範例

時間分配 OK

改變討論主題？
→下次提議 ×× 主題

仔細說明角色扮演的
進行方式
→有人反應不容易明白

重點

・一旦察覺到應注意事項，就當場寫下。
→若是便利貼，就算在他人面前也不會太顯眼。
・一件事寫在一張便利貼上。
→如果這也寫、那也寫，日後就難以辨別改善的重點。

貼在下次一定會看到的地方

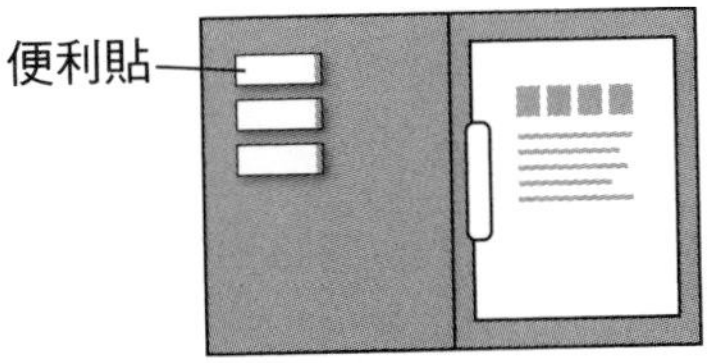

・洽談時，攜帶相關事項的活頁夾。
・改善提案、修改文件等都變得輕鬆。

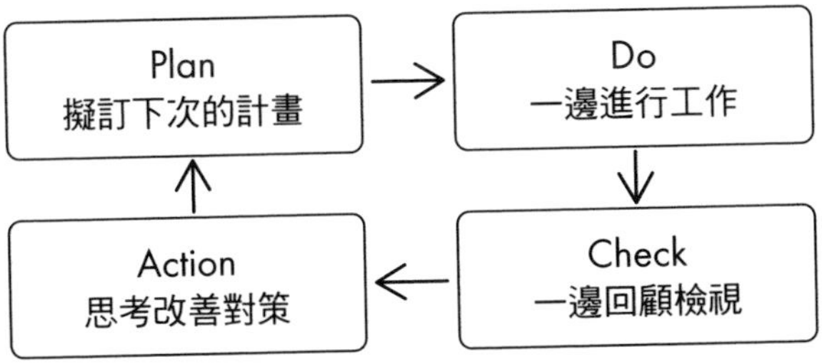

◎有助於成長的交接備忘錄。

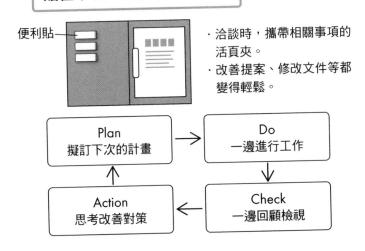

第 4 章

備忘錄的具體使用方法

01 待辦事項清單的寫法、運用方法

經常看到的待辦事項清單，就是把想到的工作由上往下依序排列。當然有寫總比沒寫好。但是這樣的寫法，只不過是一份備忘錄而已。比起這樣的做法，有另一個方法可以同時進行計畫與回顧，並且讓你更進步。

那個方法就是**寫下估計時間與實際花費的時間**。

列舉上午、下午以及應該做的工作之後，也預測所需的工作時間。然後，當工作結束，請記錄實際花費的時間。

如果在估計時間內完成，那當然很棒。相反地，如果超過估計時間，就要反省「有沒有浪費時間」。如果不同日子會有不同的完成時間，就要找出完成時間不一致的原因。

我個人會把待辦事項清單寫在legal pad備忘錄上，不過其實寫在行事曆或筆記本上也可以。

寫在待辦事項清單上的工作本來就應該適量。因為如果記錄過多的工作量，極可能會提高失誤或延誤交期的風險。如果瞭解自己能夠承擔的工作量與節奏分配，就能夠保持平常心面對工作，這樣將有助於預防失誤的發生。

與預估時間的誤差？

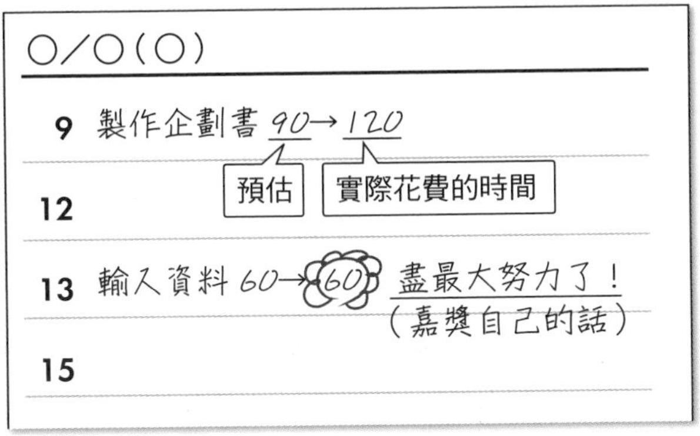

瞄一下電腦螢幕右下角顯示的時間，
並記下時間。

瞭解自己能夠承受的適當工作量

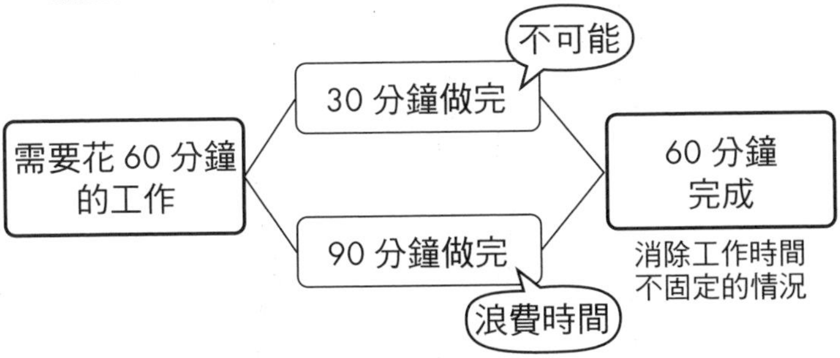

◎維持自己的工作節奏，減少錯誤吧！

02 切莫忽略待辦事項清單的轉載項目

就算在待辦事項清單內列出「今天的工作」，也鮮少有人會全部做完。相信每個人都有無論如何都必須往後延的工作。

遇到這樣的情況，**建立待辦事項清單時，最重要的就是把前一天沒做完的事情，謄寫到隔天的清單上**。另外，不是寫在清單上就沒事了，也要同時做好自我管理。在完成的項目上打個✓，會讓人體會到滿足的成就感。

下班回家前再看一下待辦事項清單，確認沒有遺漏的工作。**如果有尚未完成的工作，就用紅筆又大又醒目地圈出來吧。接著製作隔天的清單時，一定要記得將紅筆圈出來的工作謄寫到清單的最上方**。謄寫完畢後，就可以安心下班了。

隔天上午上班，以嶄新的心情建立今天的待辦事項清單。這時會看到昨天沒做完的工作已經醒目地列在清單最上方，成為早上應該動手做的第一件工作。

透過這樣的做法，就會讓自己覺得「什麼事都做得來」，也能夠預防不小心忘記或延遲處理等失誤。

下班前檢查是否有未完成的工作

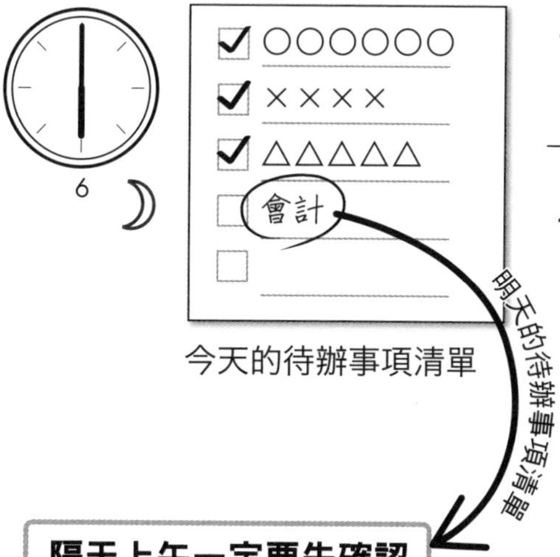

今天的待辦事項清單

・完成的工作每次都以紅筆確認。
→如果用黑筆就不容易辨識。
・沒有完成的工作用紅筆大大地圈起來。

隔天上午一定要先確認

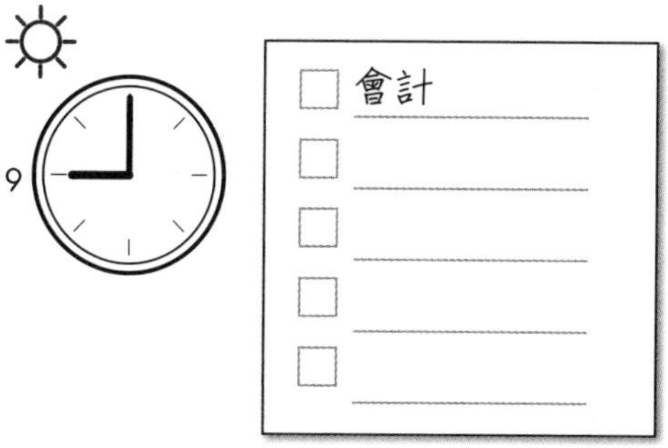

・填寫在前一天下班前建立的待辦事項清單上。
・從寫在最上面的工作開始著手。
→如果下午才做，可能又無法完成了。

◎不會忽略沒做完的工作。

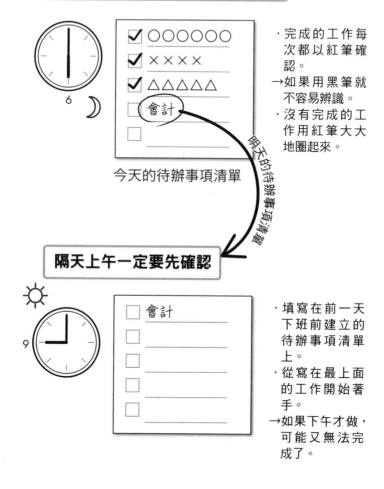

03 提起幹勁的待辦事項清單寫法

光是花點心思安排一下待辦事項清單，就能夠提高工作幹勁。希望各位不要只寫工作，其實連個人的私事也可以寫入清單內。

早上進入公司之後，希望各位最先決定下班時間。然後模擬進入辦公室後的工作流程，同時也寫出下午六點以後的預定事項，將其命名為「幻想待辦事項」。假如想看足球比賽轉播幫忙加油，就必須在電視開始轉播之前回到家吧。

另外，若想提高早上的工作幹勁，也請擬訂午休計畫。想想中午要去哪家餐館吃飯、散步、去超商購物等等，具體寫出想執行的內容。就算接近中午肚子餓了，也能夠轉換心情激勵自己「再堅持一下下」，這樣工作就會進展順利。

午休前以及下班回家前都要再看一次清單。檢視預定事項當中，完成了幾項，或是試著寫下稱讚自己的話。

一個人也能採用獎勵自己的胡蘿蔔策略。一旦失誤多，工作量就會增加，採用胡蘿蔔策略，將顯著提高自我檢視等能力。請各位務必嘗試看看。

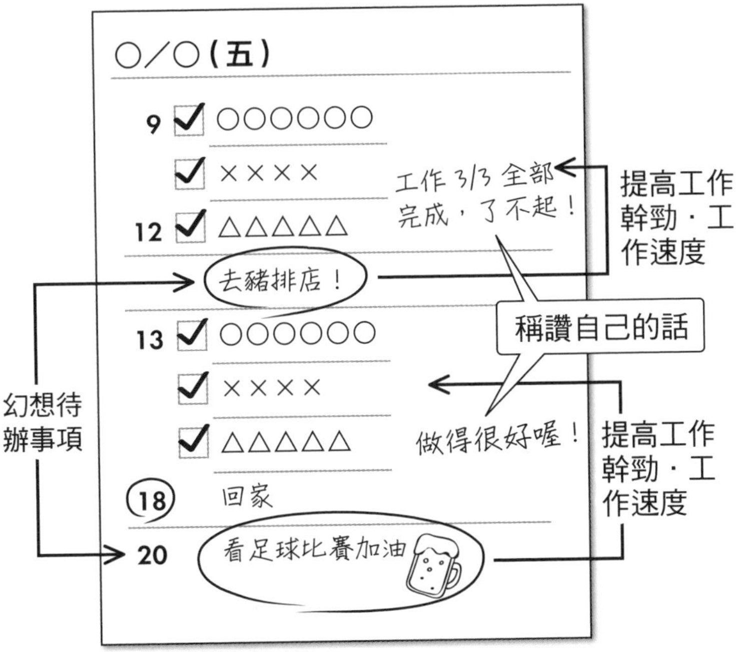

比起期待或一直等待別人的稱讚，
不如自己稱讚自己！

◎幻想待辦事項會提高工作幹勁。

04 電腦上貼的便利貼以三張為限

有人會在電腦上貼滿便利貼。不過，如果把待辦事項清單寫在便利貼上，可能會一不小心就忘記處理，這點請千萬要注意。

理由是**一旦便利貼的張數變多，就不容易決定待辦事項的優先順序**。假如電腦螢幕的左右兩邊各貼十張便利貼，就變得難以管理了吧？另外，便利貼一直貼著，也會失去新鮮感，而變得像是辦公室的背景一樣。

即便如此還是想貼便利貼的話，建議先訂出「以三張為限」的規則，並且經常更新。三張便利貼以優先順序高的由上往下排列。下班前，無論從整理整頓或企業倫理規範的角度，都請記得撕下便利貼。

只是，便利貼的缺點就是會剝落。**因為便利貼本來就是用來貼在文件上的紙張，如果貼在電腦上，不知不覺就會因剝落而遺失**。不斷重覆黏貼，黏著力變差，如果因此而產生不應該發生的疏失，那可就麻煩了。

像這種時候，請自問自答：「真的應該使用便利貼管理工作嗎？」

不要搞錯便利貼的使用方法

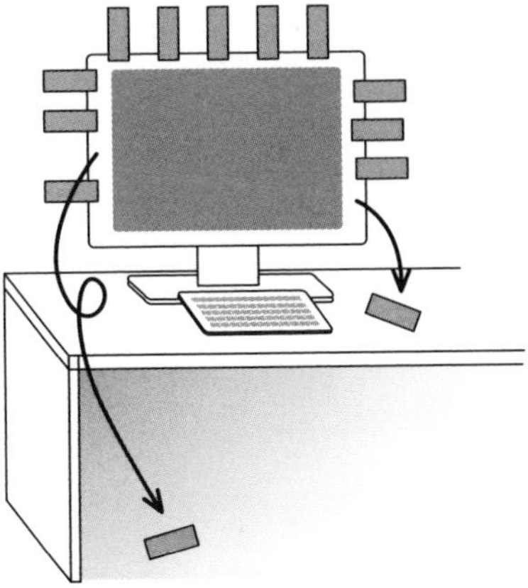

貼一堆寫了待辦事項的便利貼。

↓

因為貼著不更新，就變成看習慣的辦公室背景。

↓

便利貼剝落遺失造成工作的失誤、遺漏或延遲。

就算喜歡用便利貼管理工作，也不要超過三張

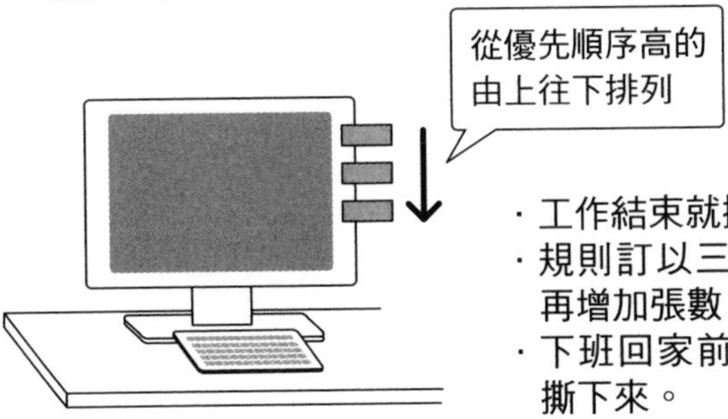

- 工作結束就撕掉。
- 規則訂以三張為限，不再增加張數。
- 下班回家前，三張都要撕下來。

◎便利貼不是用來貼在電腦上的工具。

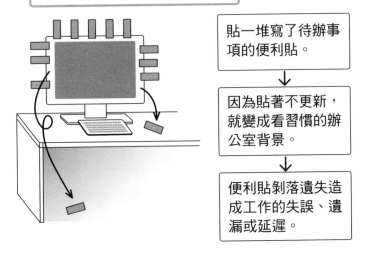

05 把請託事項寫在便利貼上再交給對方

想指示或請託某人時，請把工作內容寫在便利貼上，並交給對方。

如果以口頭請託，萬一對方不寫備忘錄而忘記，你就必須再次說明，如果因此而延誤到自己的工作，那就麻煩了。特別是如果對方是你的上級主管，你也不想催促對方，更不用說其實真的很難要求對方「請寫在備忘錄上」。

若想要減少溝通上的失誤，就要用文字留下證據！最好的做法就是自己寫下來，並交給對方。這跟透過電子郵件傳達不一樣，如果使用便利貼，可以直接貼在文件上，對方也可以依自己的習慣貼在行事曆或辦公桌上，真是非常好用的工具。

因此，**準備各種不同類型的便利貼，工作上就會很方便**。例如，可以記錄許多內容的橫線型、半透明型，或是標示用印位置的指示型便利貼等等。

題外話，當你為同事代墊午餐錢跟飲料費時，便利貼也是個有效的提醒工具。把金額與你的名字寫在便利貼上交給對方。比起口頭告知，這個方法的還錢比例更高，也不會影響人際關係。

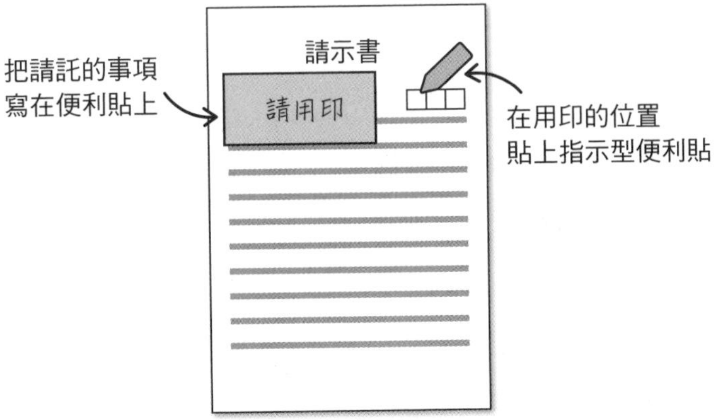

一旦對方發生失誤，指示者的工作也會隨之增加

準備各種類型的便利貼

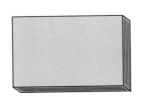

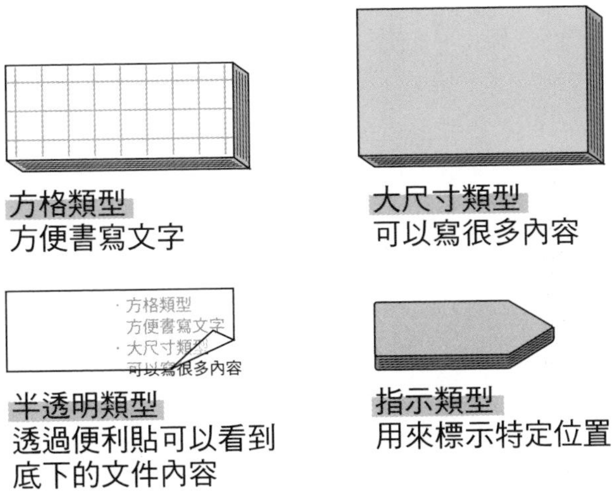

◎留下證據，預防溝通產生錯誤。

06 接近速記員速度的片假名記錄法

好不容易在備忘錄寫下內容，但自己的字跡太潦草而無法判讀。各位是否有過這樣的經驗？由於無法判讀而想不出重要的事項，這樣也會造成工作上的失誤。**備忘錄雖然無須一筆一畫仔細描繪書寫，但是也要達到可以辨識的程度，這點很重要。**

國會裡有速記員負責記錄會議記錄。

一般人平均的說話速度是一分鐘三百個字，據說速記員一邊聽，一邊使用「速記文字」、「速記符號」記錄會議內容。

相對於此，工作場合中則多半只擷取單字或關鍵字記錄，而不是一字一句都記錄下來。像這種時候，如果寫漢字，就會因為筆劃多而耗費時間。內心越焦慮，寫下來的字跡就越潦草，最後變成怎麼樣都無法辨識的內容。

字體的筆畫由多到少依序是漢字→平假名→片假名。**如果使用片假名就可以快速記錄，不僅記錄版面留白多，也清楚易讀。**

聽取主管指示，或是一邊講電話，一邊記錄時，片假名的「ソーム」就比漢字的「總務」要容易書寫吧。所以片假名是非常適合快速書寫時使用的字體。

何謂速記法？

日本具代表性的速記法有參議院式、
眾議院式、中根式、早稻田式。

參議院式　五十音表

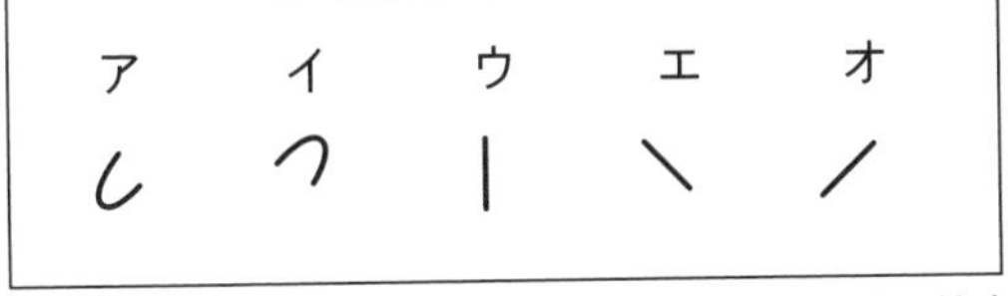

ア
イ
ウ
エ
オ

出處：公益社團法人 日本速記協會

指示者不會等你做記錄

先幫我送到
總務部、會計部，
還有人事部。
講好快啊……
（只寫到了
總務……）

以片假名書寫即可

総　務 ⇨ ソ ー ム
14 畫 +11 畫　　2 畫 +2 畫

◎要寫得讓人能夠快速判讀。

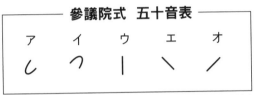

07 名字也以片假名記錄

叫錯對方姓名是非常失禮的過錯。但是不知不覺就很容易犯這樣的錯。

最傷腦筋的就是看到難讀漢字與罕見名字的時候。另外，**就算是相同漢字，有時候日文的讀音也不一樣**。舉例來說，「河野」是カワノ（kawano）還是コウノ（kouno）？「菅野」是スガノ（Sugano）還是カンノ（kanno）？同一個漢字不見得每次發音都一樣。此外，搞錯「荻野」與「萩野」也是常見的錯誤。

當我外出時，會有電子郵件通知有來電。由於來電者的姓名會以片假名標示，所以我回電時也不會叫錯。

建議可以請同事寫電話留言時，以片假名標示對方的姓名。假如不方便直接要求，就先從自己做起，等待別人因你而改變。

另外，當我負責研習課程或研討會時，我會看學員名冊一一叫名。雖然學員有數十多人，而且都是初次見面，如果念錯名字還是會讓人感覺不舒服，所以我會拜託主辦單位幫我標上學員名字的讀音。

如果只是漢字當然會搞錯

叫錯一次還可以原諒，如果重複叫錯對方姓名，
就會留下負面印象。

若以片假名標示讀音就不會念錯

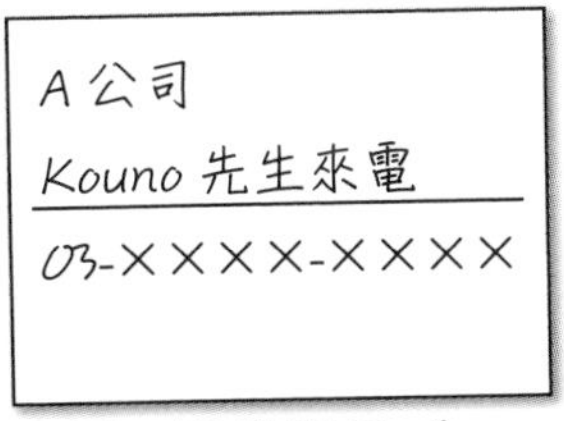

來電、訊息留言／
電子郵件

哪種念法才對？

堀田	Hotta or Horita
渡邊	Watabe or Watanabe
山崎	Yamasaki or Yamazaki
中島	Nakashima or Nakazima
羽生	Habu or Hanyuu

◎以片假名標示名字的讀音，就可避免喊錯名字。

08 整理「暫且先寫下來的記錄」

各位是否有過這樣的經驗？寫了各種記錄，最後卻搞丟了。

如果寫在一本備忘錄就好了。但有時候就是為了應急，而隨便先寫在其他紙張上。**腦中浮現一個想法時，最重要的是盡快寫下來，所以只要有紙可寫就好**。我自己也曾經用星巴克的餐巾紙記錄（笑）。

問題是後面的步驟。

就算把寫下來的備忘錄放在口袋或手提包帶回家，一旦誤以為是垃圾而丟掉，那就全部化為烏有。重要的備忘錄請做特別的處置，例如，放在錢包這種重要的地方。

回到辦公室或辦公桌之後，再把備忘錄拿出來謄寫或貼在筆記本上。

如果一張紙記錄了好幾件事情，就只截取重要的事情吧。

報紙、雜誌的剪貼、邊聽電話邊記錄的事項等，只要與該事件有關的事項都要貼在筆記本上，或彙整在一個透明夾裡，這樣就不會搞丟重要資訊了。

手上沒有行事曆、備忘錄或筆記本時的應變措施

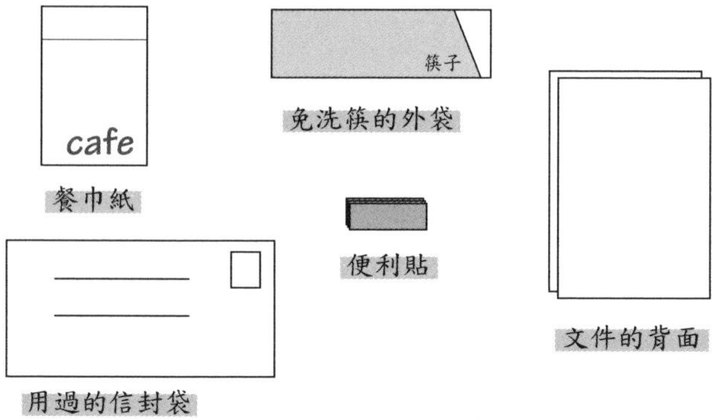

小心帶回、保管

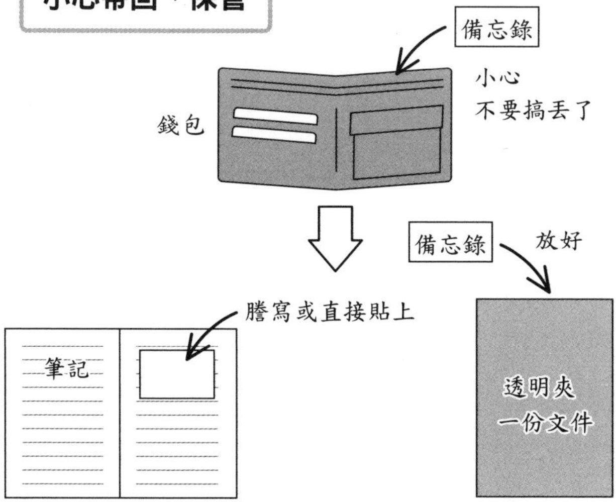

◎比起注重形式，有幫助最重要。

09 提醒備忘錄

偶爾會聽到學員述說個人的煩惱：「就算參加研習課程或研討會，也不知道要在教材上寫些什麼內容。」聽到鄰座的學員拚命做筆記，內心更加感到惶恐不安。

學生時代，只要抄下老師寫在黑板上的內容就好了，這就是所謂的被動筆記。

進入社會之後，最重要的是一邊聽，一邊主動做筆記，大部分的事情都不會寫在黑板上。

因此，建議各位要寫提醒備忘錄。**畫一個對話框，把以前不知道的事、可運用在工作上的事、回去會立即動手做的事，或是腦中浮現的創意及感想等等，趁還沒忘記之前趕緊寫下來。**

以講師的立場來說，我不會把所有資訊都放在教材裡面。理由是希望學員要注意聽講、主動思考。

日後回頭翻閱教材時，會發現比起印刷的教材內容，對話框裡的備忘錄一定更有幫助。**就如同訂製個人的教材一樣，請各位務必透過這個方法加深學習印象。**

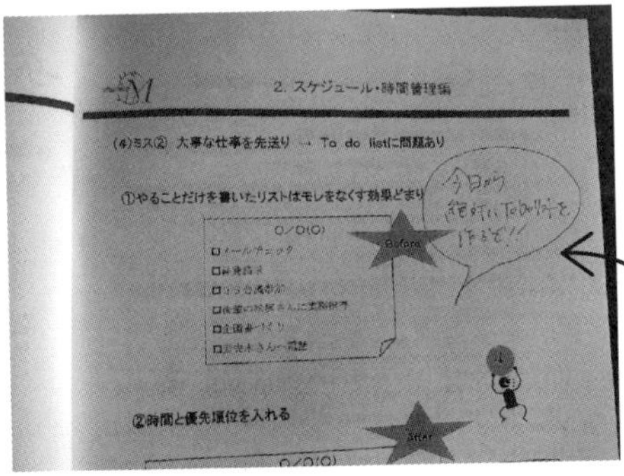

如果寫在對話框裡
就容易明白

被動性備忘錄

只抄寫黑板上的內容

主動性備忘錄

黑板上沒寫的
內容也記錄下來

要寫哪些事情？

· 以前不知道的事
· 可運用在工作上的事
· 回去會立即動手做的事
· 腦中浮現的創意
· 感想等等

◎主動寫備忘錄，以加深學習印象。

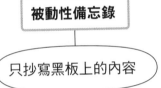

10 如實呈現的手冊

如果有操作手冊，工作起來就很方便。但是又希望不必多費工夫，就能夠做出一本手冊。有一個方法可以解決這個問題。**如果是重複製作的文件，在提交之前先複製一份，將這份文件化身為手冊吧**。姑且將其命名為「如實呈現的手冊」。

製作內容有點繁瑣的文件時，比起到處問人或調查資料，倒不如參考上回的文件，更能夠抓住重點。

我的公司每年都會收到社會保險事務所與稅務機關寄來的文件，因為非我專業，所以都是一些我看不懂的內容。

申報所得稅就是其中之一。一年申報一次的頻率，總是想不起上一次申報的內容。而官方提供的輸入範例是萬用範本，所以有些地方不適合我參考。因此，繳交文件之前，**記得影印一份留底並且歸檔**。下次因應需要而改變的部分，就以麥克筆畫線，並以紅筆寫下補充說明，這樣就完成一份內容完整的手冊了。

只要翻閱「如實呈現的手冊」，就可以省去每次無謂的煩惱、填寫錯誤以及重做的工夫。這樣不僅能夠在極短時間內完成繁複的文件，也能夠達到零失誤的目標。

既有的範本

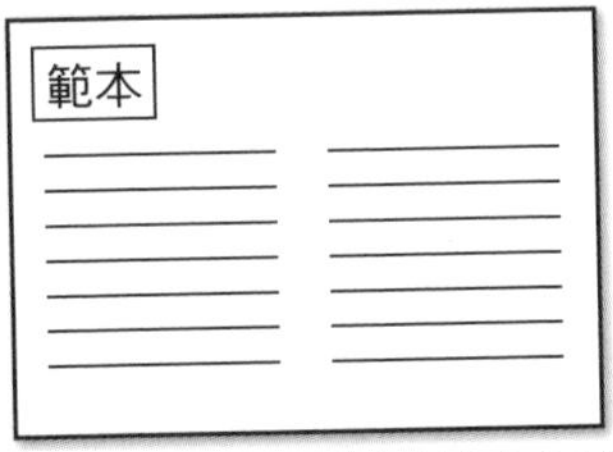
範本

好難啊～
搞不太清楚耶～

有些部分不適用於自己的公司

容易發生錯誤

↓

把上回使用過的文件影印留底

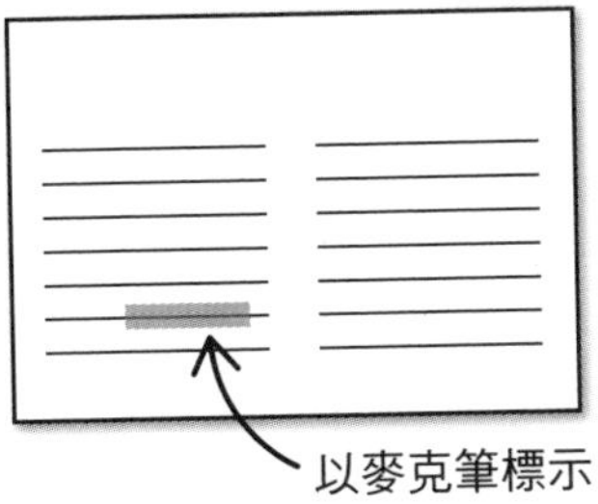
以麥克筆標示

馬上就掌握重點！
這次只要改變
麥克筆標示的
地方就好了呢！

減少錯誤

- 下回如果有修改，就以麥克筆標示或以紅筆補充說明。
- 假如發生錯誤，就加註注意事項。

◎一邊看上回的留底資料，一邊填寫，一次就 OK。

11 不遲到的出發時間備忘錄

當我預定外出時，我會透過網路研究電車的路徑，並且黑白列印出來。

然後，**為了預防遲到，我也會以清楚的數字標示出發時間，把備忘錄貼在或放在顯眼的地方。**

其實光是看網路的轉乘資訊也已足夠，不過我不想搞錯從家裡或從公司出發的時間。

舉例來說，如果以紅筆大大地寫上「七點五分出發」，並將備忘錄放在顯眼處，就能夠趁早做好準備。最重要的是，這樣就能夠減少搞錯時間或記錯資訊等失誤。

假如早上的出發時間比平常更早，除了出發時間之外，也要以紅筆寫下起床時間。如果前一天之前就做好計畫，當天行動就不會慌張。

光是在電腦或手機上確認，會一再重複查詢，或是以為自己已經記住出發時間，卻搞錯時間而錯過車班延遲出發。其實腦中應該記住的是你的出發時間，而不是電車的發車時間。

列印出來的內容也可以作為申請交通費時的參考資料，請依照日期順序歸檔吧。

透過手機可以知道電車時間

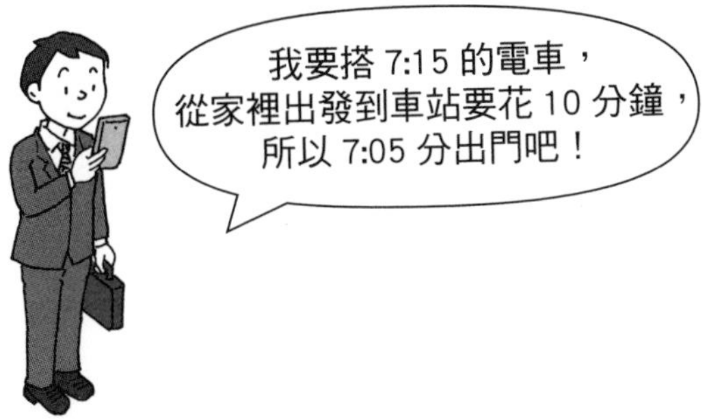
我要搭 7:15 的電車，
從家裡出發到車站要花 10 分鐘，
所以 7:05 分出門吧！

重複確認手機浪費時間。
會增加計算錯誤、記憶模糊、搞錯時間的風險。

轉車指引要寫下出發時間

寫下出門時間

7:05 出發

轉車

07:15 發車	秋葉原
	JR 京濱東北線
07:22 抵達 07:27 發車	新橋
	JR 東海道縣
07:49 抵達	橫濱

・放入公事包裡，
移動中也可確認。
・申請費用時可以
重複利用。

住家：放在玄關
公司：放在辦公桌上

◎預留充裕的時間準備。

12 消除早晨「精神恍惚」的備忘錄

平日的早晨不知為何，總是過得特別快。

希望各位都要明快地做好上班的準備。這不僅是為了準時上班，同時也是為了避免萬一遇到交通事故導致電車延誤時，也能夠從容抵達公司。

首先是避免遺漏東西的對策。

手機充電器、平板、電腦等前一晚還在使用的物品，都必須注意隔天上午是否確實放進公事包裡。**對策是把「充電器」等怕遺漏的物品寫在備忘錄上，並將備忘錄放在或貼在眼睛一定會看到的地方，例如玄關、房間門或是床邊、餐桌上等。**

接著是抵達公司之前，如果途中需要做跟平常不一樣的事情之因應對策。

從家裡出發後，在便利貼上寫「ＡＴＭ領二萬日圓」、「超商買〇〇報紙」、「藥局買口罩跟藥品」等，**貼在手機或月票夾上，這樣在通勤途中就絕對不會忘記。**

克服早晨時光就等於戰勝人生

貼在玄關上

貼在枕邊

貼在餐桌上

◎貼在動線上就一定看得到。

13 隨時更新個人資訊

客戶的資訊、公私都有來往的同事個人資訊，都請隨時更新。這樣既可以預防失誤，也能夠維持穩定的人際關係。相反地，如果疏於整理，久而久之不常聯絡，也就逐漸變得疏遠了。

更新的方法很簡單，只是把最新資訊寫在對方的名片上而已。**如果接到異動或轉調的聯絡通知，就立即以紅筆寫下新公司的部門或地址等。**如果不做這個動作，不僅郵件會被退回，也無法傳送電子郵件。

假如下次有機會見面，要記得向對方索取新名片。如果對方升遷，那就恭喜對方同時要張名片，「恭喜升官了，可以跟您要張新名片嗎？」

如果是同事，為了節省成本，可以把白紙裁切成名片大小。然後，除了住家地址或個人電子信箱之外，如果知道家人或寵物的名字，也可以記錄下來。比起令嫒、寵物、狗狗，如果能叫出名字，會讓對方更覺得開心。

只是，最近小朋友的名字都很有個性，能標出讀音是最好的。

若是他公司的員工，在名片上修改

○○公司
~~系統部~~ 業務部
出村 敏雄
專線電話03-××××-~~××××~~ ××△

以紅筆修改

拿到新的名片→丟掉舊的

如果留著舊名片，資訊就變得混亂，
永遠只保留一張名片。

若是同公司員工，就寫在名片大小的白紙上

企劃部
雀　惠一課長
住家○○市○○○○○○○
手機 090-××××-××××

背面或空白處補充：
Yurie 201×，×× 生
小布丁（小狗）

永續好緣

◎避免與重要的朋友疏遠。

14 預防傳電子郵件時忘記附加檔案的備忘錄

明明寄電子郵件就是要附加檔案，但是卻忘記這個重要的步驟。

這是任何人都曾經犯過的失誤。我前一本著作《效率UP！準時下班的77個工作神技》（台灣東販），曾經提出一個方法，就是養成寫內文前先附加檔案的習慣。這個方法獲得讀者熱烈回響，「只是改變步驟的順序，就可以消除這樣的失誤」，身為作者的我也感到非常開心。

後來，我又增加一個步驟，就是把提醒寫在電子郵件範本或簽名欄上。

如果工作上經常需要附加檔案，請事先設定一句給自己看的提醒訊息，例如，「已經附加檔案了嗎？」。

光是看到這一句話，你就會驚覺，「哎喲，好危險，差點忘了。一定要加檔案上去」。這樣就不會忘記附加檔案。

不過，傳送前請務必記得把這句話刪除。

傳送郵件時的範本

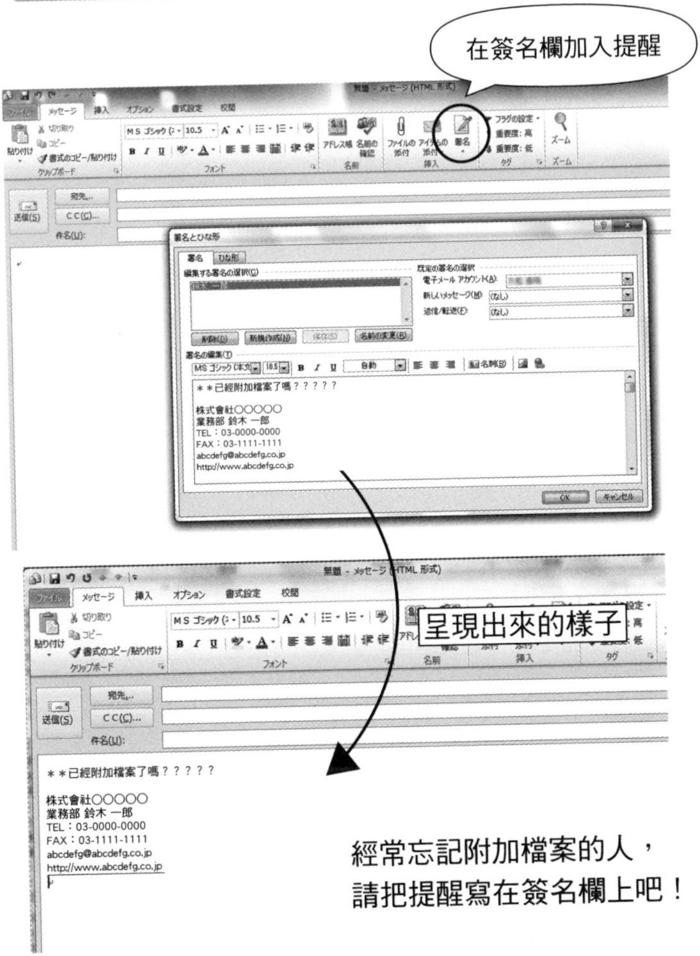

經常忘記附加檔案的人，
請把提醒寫在簽名欄上吧！

◎刪除提醒，檔案也確實寄出。

15 備忘錄要以碎紙機銷毀

記錄事項的備忘錄紙張，你都是怎麼處理的呢？

有人會把電腦製作的文件或印錯的紙張丟進碎紙機裡絞碎，而手寫的備忘錄就會丟進垃圾桶裡。

不過，**備忘錄裡應該寫滿了各種資訊**。

電話留言記載著客戶的公司名稱、姓名、電話號碼等等。工作上也會聽到一些祕密，或不想讓他人知道的對話。

待辦事項清單上偶爾也會記錄機密資訊，必須非常小心處理。

幾年前，某大企業洩漏客戶資料引起軒然大波，後來公司社長在受訪時是這樣回答的：「就算是一張留言，也要丟進碎紙機絞碎。因為你不知道企業的機密情報會從哪裡洩漏出去。」這是把危機變成轉機，加強企業倫理規範的真實案例。

所以，請各位千萬要記住，就算是一張留言，也應該丟進碎紙機裡絞碎。

如果寫了備忘錄，這份備忘錄一直到丟棄為止，自己都負有保管的責任。從今天起，禁止把留言揉成一團丟進垃圾桶，丟進碎紙機才是最安心的做法。

有些機密會經由備忘錄洩漏出去

×
容易毫不在意地丟掉的備忘錄
· 待辦事項清單
· 留言
· 寫下指示的備忘錄
嘿嘿嘿，這家公司的企業倫理規範只是表面工夫而已。

○
備忘錄，多虧你的幫忙，謝謝你。

◎就算是一張備忘錄，也不要輕忽。

第 5 章

筆記的基本知識

01 工作筆記與課業筆記的差異

相信各位與筆記的交情，應該很長遠吧。從小學一年級開始，我們就會把筆記本放進書包隨身攜帶，並在筆記本上寫字。

進入高中或大學，班上總會有同學的筆記做得很好。就算翹課，只要拿到那樣的筆記就能夠考高分。口耳相傳之下，想借筆記的人都還得排隊才借得到。跟其他大多數人一樣，我也是跟同學借筆記的人之一。

只是，學生時代的課業筆記，與工作上需要的筆記是完全不同的兩回事。怎麼說呢？因為筆記的目的明顯不同。

學生時代的筆記……為了背誦而寫

社會人的筆記……為了遺忘而寫

學生時代，我們都要背誦筆記上的內容來參加考試，因為把筆記本帶進考場，那就是作弊的行為。但是，**成為社會人之後，就不必把筆記內容記在腦中**，因為我們可以一邊工作，一邊反覆翻閱筆記內容。

「什麼！工作的筆記是為了遺忘而寫的？」或許有人對這樣的說法感到訝異。不過，工作的事確實可以不用完全記在腦中，取而代之的是，工作相關的事情請務必記錄下來。筆記內容將成為你消除失誤的救世主。因此，最重要的是要在當場立刻記錄談話內容。

同時，忘記寫下來的事情，把所有精神百分之百集中在下一個工作，這樣的態度也是很重要的。假如腦中老是在意過去的事，就無法在每一瞬間做出正確的判斷，也不會產生新的創意。

如果聽著眼前客戶說話，大腦卻老想著之前與其他客戶見面的事，這樣就無法正確瞭解眼前客戶的需求。

筆記也是幫助你在工作上靈活轉換場景的工具。一個人能夠同時進行多項工作，或許就是多虧筆記的功勞呢。

若想要消除失誤，以下有五種情況需要做筆記：

①寫下工作的順序
②寫下別人說的話
③整理想法
④想出創意
⑤寫下反省內容

筆記的最大優點就是可以寫成一冊。筆記本不像一張張的便條紙那樣零散，所以，不用擔心記錄著重要內容的紙張會搞丟。如果事先決定好使用B5或A4尺寸，就算增加本數也很好整理。

不管是一年寫一本，三年三本、五年五本，也能夠以看得見的形式保存。這些內容都是你成長的軌跡，也是與他人差異化的唯一知識寶庫，是極具價值的東西。

筆記本內頁有橫線、方眼、點線、空白等各種形式。無論選擇哪種形式，自由度都比行事曆高，所以能夠以個人的喜好書寫，這也是工作的樂趣之一。

請養成隨身攜帶自己愛用的筆記本，以及書寫的習慣吧。

① 寫下工作的順序

成為個人專用的工作手冊。

② 寫下別人說的話

洽談、會議、與主管面談或是
接受上級指示時。

③ 整理想法

整理資訊。
解決問題。

④ 想出創意

寫下脫離框架所想到的創意、
靈光乍現的點子。

⑤ 寫下反省內容

如果發生失誤，事實→原因→對策。

◎在這五個場合要做筆記。

02 做筆記的規則

選擇筆記本時，不用過度堅持什麼原則，先挑一本寫寫看。一開始動筆寫就知道好不好用。假如覺得不甚滿意，換別種筆記本就好。請以輕鬆的態度面對。

使用筆記本的數量以三本為限。雖說集中在一本最好，那是因為一本筆記本容易管理的緣故，其實也可以依照用途區分使用。例如以下的分類：

①個人專用手冊一本，記錄其他事項一本
②回顧筆記一本，記錄其他事項一本
③個人專用手冊一本，回顧筆記一本，記錄其他事項一本

其次是寫筆記的方式。

筆記是以後會不斷回頭翻閱的內容，所以，請以容易搜尋的方式書寫。不要為了節省空間

而寫得滿滿的，**一個主題務必占一個跨頁的版面**。

接著，務必記得**填寫「日期」＋「主題」**。

關於填寫日期，寫〇年時，無論是中西年號都行，只要統一格式就好。

標題要簡潔，例如，「與主管面談」、「改善活動的想法」。如果沒有標題，不僅記不得在哪裡寫了些什麼，每一次也都必須一頁頁翻找，才找得到需要的內容。如果有標題就能夠一目了然，這麼做才能夠提高工作效率。

另外，與多位初次見面或剛認識不久的人開會或洽談時，不僅要記錄談話重點，也請寫下出席者的名字。

這時，比起只寫一整排的名字，更建議依照座位表填上每個人的名字。這怎麼說呢？因為看到座位表就會浮現會議當時的場景，也容易記得所有人的職位與姓名。下次見面時，就容易快速且正確叫出對方姓名。這個方法非常值得一試。

請把筆記本視為對未來的自己的投資，千萬不要捨不得用。**就算有空白頁，每換一個主題，就翻到次頁重頭開始寫起吧**。因為以後可能需要補充內容，所以預留一些空白版面也是很重要的。

寫新的主題時，由於每次都會翻到全新的頁面，所以心情上也有「來吧！」那種煥然一新的感覺，這樣的做法也有助於頭腦思路的轉換。

不知各位是否注意到了？其實本書也是相同的做法。每一個單元都是占一個或兩個跨頁的版面。

我與本書編輯是第三次的合作。第一次見面時，就瞭解他編書只有一項堅持。那就是標題總是會放在右頁的開端（直排）。根據編輯的解釋，如果有的單元從左頁開始，有的單元從頁面中間插入，這樣讀者閱讀很不方便。

聽了對方的說明，我也深有同感「確實如此」。「其餘的就依照鈴木小姐方便就好。」由於對方如此要求，所以我也在內心暗自決定，就只有這項堅持一定要遵守才行。

那麼，準備好筆記本，開始執行一個主題，一個跨頁計畫吧。

需要幾本筆記本？

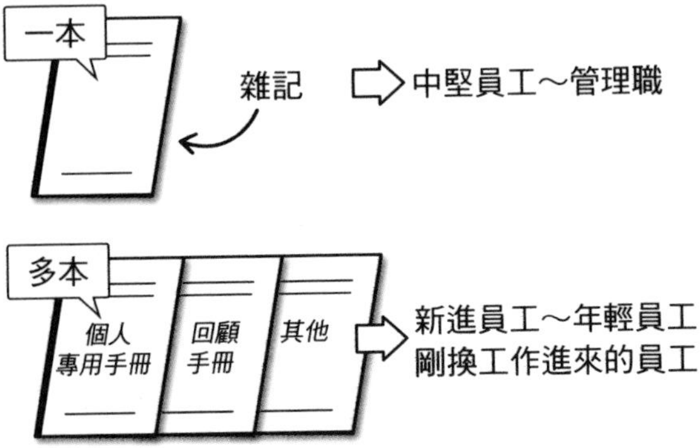

每個主題占一個跨頁

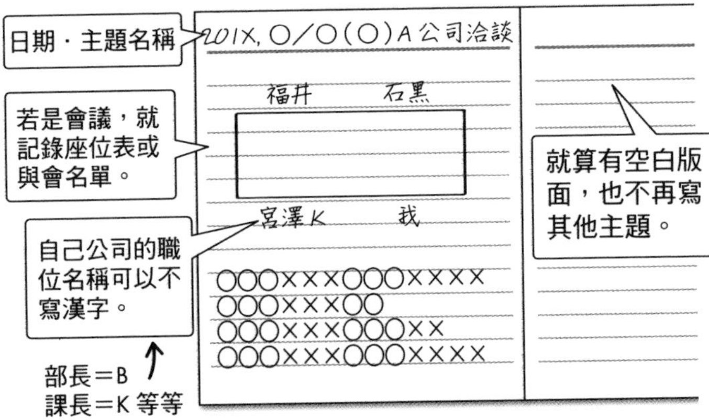

◎如果過於節省筆記本版面，
就不容易在擁擠的內容中找到所需資訊。

03 製作個人專用手冊

以前，《日經新聞》每週增刊的〈Plus1〉曾經刊載：「公司前輩『最看不慣的新人言行舉止』」排行榜（二〇一〇年六月二十六日）。擔任指導角色的前輩員工們覺得有問題的行為第一名是「不做筆記，同樣的事情一直問」；第五名則是「不斷重複相同錯誤」。從這個結果來看，可以知道日本全國的前輩們想告訴後輩的是，「聽到別人指導要做筆記，這樣就不會一再犯相同錯誤」。

我大學剛畢業就進入保險公司工作，並且被分發到損害調查部，當被保險人遭遇事故時，我們要負責與各機關單位溝通，並支付賠償金額。

前輩每天都會教我許多事。但是，我的記憶力不好，不斷重複金錢相關的錯誤，每次都給別人帶來困擾。為此，我也深感沮喪，每天都煩惱著：「我的工作能力比同期進公司的同事還差。」

有一天，我終於察覺到，「不如把前輩指導的內容寫在筆記本上吧。」從那時開始的一年之內，光是記錄工作步驟的筆記本就寫滿了四本。雖然公司也有工作指導手冊，但是對於身為新人的我，那樣的內容感覺很艱澀，而且無法理解，所以我每次先翻閱調查的，是我自己做的筆記。不知不覺，筆記就成為我不可或缺的好夥伴了。

雖然我是舉新進員工的例子，不過我也建議，就算晉升為前輩或管理職，也要製作自己專用的手冊。雖說是手冊，也請不要怕麻煩。**做完一件工作後，快速寫下步驟或流程，光是如此即已足夠。**如果省略這個步驟，下次做相同工作卻想不出應該從何處著手時，一定會後悔莫及的。

特別是定型化業務與單純的作業，透過這個方法就可以預防疏忽與遺漏。

預約會議室的方法、決定出差後的各種後續作業等，沒有列在工作手冊內的事項，也都可以寫在個人專用的手冊中。

如果與主管一起出差，就要在筆記本上補充主管的喜好。例如「○○課長搭飛機或新幹線時，喜歡坐在靠走道的位置」、「飯店要訂禁菸房」等。一邊看筆記，一邊安排出差事宜，這樣就不必重做無謂的工作，也會獲得主管稱讚「你辦事真是機靈哪！」

由於我們無法在腦中一一記住每個人的喜好，但只要寫在筆記本上，就可以彌補這個缺點。

終端設備或電腦的操作步驟，可以列印螢幕畫面並貼在筆記本上，這樣的做法比詳述說明

步驟還要簡單又清楚。

不知道做法而詳細調查過的事情，以Q&A的方式說明，下次忘記做法時，看了Q&A就可以很快地進入狀況。如果覺得書寫很麻煩，把參考網站縮小影印，再貼在筆記本上即可。

商業文件或電子郵件的書寫方式，找出範本並列印、貼在筆記本上，這樣就能夠隨時模仿正確寫法了。

假如發生錯誤，請以紅字補充預防對策，並以麥克筆突顯重要的部分。沒錯，筆記內容也要不斷進化才行。

最後，**再花一點工夫製作索引標籤。**

筆記本的缺點就是無法像電腦那樣，可以利用關鍵字搜尋。但是如果有索引標籤，就算不用翻開筆記，也能夠在瞬間找到自己需要的頁面。

我自己特別喜歡使用的標籤紙是3M的二點三公分索引標籤紙。

每一個主題採用跨頁書寫的理由，也跟索引標籤有關。如果把索引標籤統一貼在跨頁的右頁，這樣就很容易找到搜尋的主題。

工作結束之後，寫下進行的順序

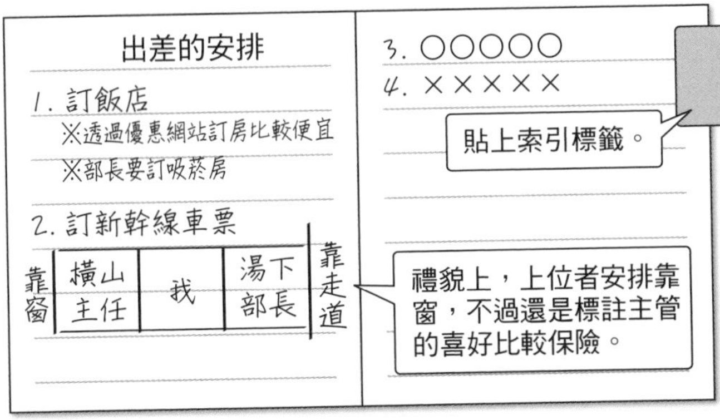

不要花太多時間在個人專用手冊上

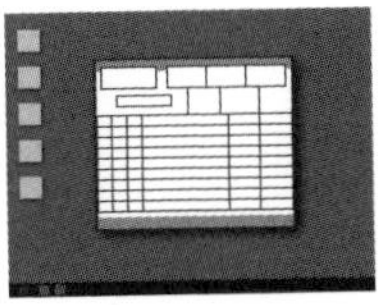

螢幕截圖

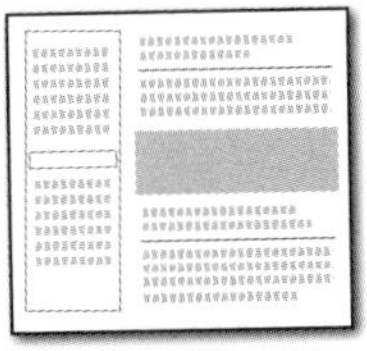

Q&A 集

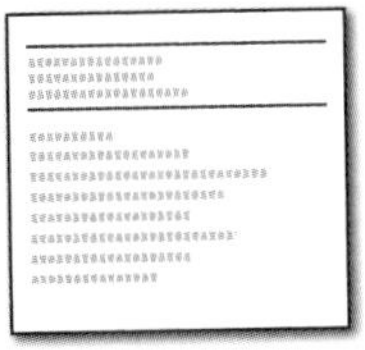

電子郵件範本

螢幕截圖	Q&A 集	電子郵件範本
列印手機或電腦螢幕畫面並貼在手冊上。	調查詳細做法後，手寫在手冊內，或印出參考網站內容貼在手冊上。	列印並貼上文件或電子郵件做為範例，並模仿學習。

◎如果有索引標籤，就不需要目次。

04 學習傾聽的五種筆記術

聽人講話與做筆記，兩者同時進行其實還真不容易。儘管如此，也不能太過集中一方而疏忽另一方。

特別是業務或洽談中聽對方說話時，對方的話語裡面其實隱藏著許多線索，如果不想錯過對方的要求或不滿，最重要的就是勤做筆記。另外，假如我方有提案或約定而沒記下來，萬一不小心忘記或失約，就會出錯或被客訴。那麼，要怎麼做才能一邊傾聽，一邊完美地做筆記呢？關於這項技巧，以下我將提出五個重點：

①準備問題

事前準備提問項目。**先想好想說的話題，並列在筆記本上方。**如果以為現場再想就好，很容易發生想不起來、離題，或是忘記重大事項等情況。事後不斷傳電子郵件詢問：「方才忘記問」、「剛剛忘記傳達」，這樣會讓對方覺得不耐煩，「明明剛剛已經撥時間給你了」，或是讓對方覺得你這個人不可靠等，請特別注意。

②平衡「聽」與「說」的比例

與對方談話時，視線看著對方，偶爾看筆記本，這是最佳狀況。還不習慣時，就請把視線均分在對方與筆記本上吧。**如果盯著筆記本瞧，就看不到對方的表情，這樣也無法判讀對方內心真正的想法。**人的真心話不見得就是他嘴巴所講的話，請專注對方發出來的非語言訊息。

假如腦中想到新的問題，要寫在筆記本上方，不要打斷對方說話，等對方說完告一段落，再來提問吧。

③留白

一段話結束後，就可以寫筆記，**這時最重要的就是複述一遍對方所說的話。**如果對方說：「時間已經訂在〇月〇日」，你就複述：「時間決定是〇月〇日」，一邊點頭一邊做筆記。在這幾秒之間，對方一定會稍微停歇，等你做好筆記。

④確認重點

聽完一段話後，請在筆記上記錄重點，並且再度確認。例如，詢問對方「整理今天的內容，就是～，這樣沒錯吧」、「我的理解是這樣沒錯吧」。如果整理重點並詢問對方，而不是一味聽對方說話，彼此就能夠知道對方是否正確理解。就算當中有誤解，也能夠當場修改。

⑤捨棄

記錄時，捨棄也很重要，而不是寫下整段談話內容。**重複或已知的部分就算省略也無妨。**請以條列式記錄要點。

我在某大學講課時，學生們都低頭默默地做筆記。由於學生連我講的冷笑話也都寫下來，所以我偶爾還會說：「現在講的這段可以不用寫喲。」原來想要讓學生發笑而說的，現場卻毫無反應，讓身為說者的我內心感到無限感慨。

能夠滿足說者的傾聽者，就是能夠同時聽與寫的人。

準備提問的問題

· 客戶感到困擾的事項
· 要求
· 日程
· 預算等

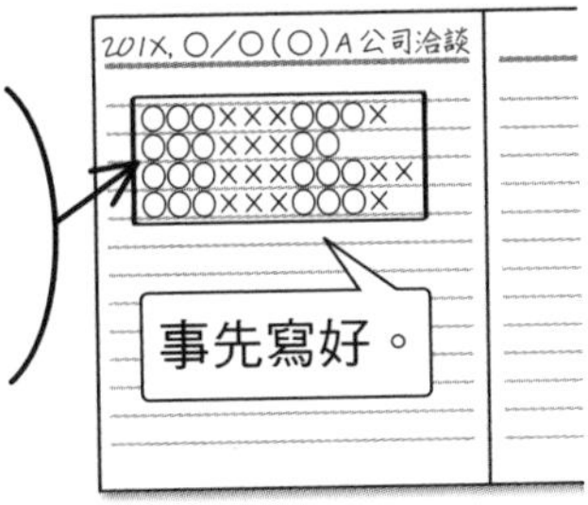

不要一直盯著筆記本看

請看著對方的表情或態度，讀取對方內心真正的想法。

選擇書寫的內容

· 重複事項
· 已知事項
· 閒聊內容

→ 沒有記錄的必要

◎必要事項不重複不遺漏。

05 記錄回顧內容

記錄每天的回顧，坦白說或許有點麻煩，不過也是一個非常好的習慣。

就算各位成為社會人的起跑線都一樣，不過從社會新鮮人到進入公司第三年為止，這當中養成的習慣將影響後來的人生甚鉅。特別是新進員工、年輕員工，**如果每天反省，就會培養出獨立運轉PDCA循環的能力。**

容我一再提醒，人是健忘的生物，所以才要用文字記錄。但是，假如人不是健忘的生物，就無須一一記錄了，這樣不是很輕鬆嗎？

寫這本書時，為了想瞭解大腦的機制，所以請教了防衛醫科大學的西田育弘教授，他說：

「如果所有大小事情都詳細記在腦中，通常就會有『憂鬱症』傾向。另外，就如同罹患『亞斯伯格症候群』的人所呈現的那樣，碰到異於平常的事情時就會感到驚慌。想要維持大腦功能的正常運作，『遺忘』其實是很重要的機制。

這話怎麼說呢？因為人生當中開心的事情相對較少（二十％左右？），難過痛苦的事情較多（八十％左右？）。如果每件事情都記得一清二楚，回憶時就會變成『憂鬱症』。大腦非常瞭解這樣的機制（可能是記錄在染色體中），所以對自己而言的負面事情，就會藏到記憶深處，讓這樣的記憶不輕易浮現腦中。

因為這樣，我們每天才能夠以嶄新的心情，並且充滿笑容地迎接朝陽。

一旦執意追溯記憶，人就會厭惡新事物，這也就是驚慌產生的原因。」

總之，比起記得百分之百，遺忘的好處更大。就算人生辛酸苦辣的成分居多，也多虧大腦具有遺忘的功能，我們才能保持健康的心理。

說到這，「時間會解決一切」這句話就十分貼切了。

所以，在筆記本寫下什麼內容，就也顯得更重要了。

如果寫下一連串不好的事，回頭閱讀時，內心湧現的都是厭惡的情緒。

為了避免這樣的情況，筆記本裡面請記錄運作順利的事，以及今天的工作成果。

如果覺得自卑，認為「在公司裡我只是聽話照做，不是做什麼可稱為成果的工作」、「我是做些影印、雜務等工作」，那麼也可以記錄改善工作的部分。例如，比起上回的工作，這次運用了哪些巧思完成？工作時間縮短幾分鐘？相信你一定會為自己感到驕傲的。

另一方面，發生失誤或失敗，絕對不能擱置不理。如果不切身反省，就會重複犯下相同錯誤。**在筆記本寫下自己犯的錯、原因為何等，並且擬訂不再犯錯的策略**。這麼一來，以後重讀筆記時，也能夠以正面的態度面對「多虧那時候所犯的錯誤，我才能有今天的成果」。

總之，做筆記的訣竅，就是把「進行順利的事」與「進行不順利的事」、「成果」與「反省」等兩兩分組，並且對比檢視。

你也來製作一本稱讚、激勵自己，偶爾反省自己的筆記吧。

訣竅是列出對比項目

做得好的事情	⟷	做得不好的事情
成果	⟷	反省
獲得稱讚的事情	⟷	被警告的事情
好的資訊	⟷	壞的資訊

以正面態度面對失誤或失敗

事實		原因		策略
何時犯了什麼樣的錯誤？	⇨	為什麼會犯這樣的錯誤？	⇨	若不想重複犯錯，該怎麼辦？

◎每天反省，稱讚自己並為自己加油。

第 6 章

筆記的具體使用方法

01 同時使用筆記本與行事曆

明明就在客戶面前，在筆記本上記錄受託事項或是約定，卻忘得一乾二淨。你是否有過這樣的經驗？

為什麼會忘記？

原因是你把所有的事情都寫在筆記本上了。

必要的時候，我們會回頭翻閱寫在筆記本上的內容，但是我們並不會每天翻開筆記本。也就是這樣的緣故，才會發生時間過了，才驚覺錯過期限的慘況。

因此，**如果是行程相關的事項，請當場寫在行事曆上，而不是只寫在筆記本上而已。**就算覺得晚點再謄寫就好，等回到公司心情一放鬆，一定就會忘記謄寫了。

聽人說話時，桌上請備好筆記本與行事曆。如果只準備行事曆，無法記錄所有聽到的內容，有許多空間的筆記本就很好用。不過，只要是與日期有關的事項，請務必另外記錄於行事曆上。這樣就可消除行程方面的失誤。

把行程安排寫在筆記本上就危險了

筆記本與行事曆要一併使用

日期或約定等預定事項要當場寫在行事曆，
而非筆記本上。

◎時間與日期不要寫在筆記本上。

02 複述約定事項

與客戶見面並約定事情時，請寫在筆記本與行事曆上，甚至再一次以口頭確認。會面即將結束時，雙方互相確認「估價單我會在○月○日前送去」、「下次我會在○月○日○點，前來拜訪」，這樣就可預防溝通失誤的問題。

另外，約定一定有一個對象，不過其實與自己約定也是很重要的。

防衛醫科大學西田育弘教授指出，記憶大致分為認知記憶、程序記憶、情感記憶等三種，不同記憶對應的大腦部位也各不相同。更進一步來說，記憶的過程由記住、保存、回想等三階段組成，每一個階段都與大腦的不同部位有關。

可能因為這樣的緣故，**所以我們記憶時，會運用大腦的各個部位（寫出文章、發聲複誦），確實透過記住、保存、回想等步驟來固定記憶。**也就是說，透過這些方法，記憶就容易固定，也容易回想。

所謂記憶，就是把過去的經驗保存在腦中，
需要時，再從大腦回想起已保存的內容。

記憶主要分為三種

認知記憶	從外界看到或聽到的資訊等
程序記憶	騎腳踏車、職人的研磨技術等
情感記憶	討厭的情緒、暢快感等

記憶的過程分為三個階段

1. 記住	2. 保存	3. 回想
記住事情主要與大腦的海馬迴有關。	保存在大腦中，也就是一般所說的記憶。	想起保存在大腦的事情。
× 左耳進右耳出	× 忘記記錄的筆記本放在哪裡	× 以前想得起來的事情，現在怎麼都想不起來
○做筆記	○ 隨時把筆記本帶在身邊	○翻閱筆記本

◎朗讀寫在筆記本上的內容，藉以固定記憶。

03 只用黑色筆也能區分工作重點

洽談時或工作場合中聽人說話時，都希望能夠做出完美的筆記。我使用的是稍微高價，被我命名為成功原子筆的文具。與人見面時，由於雙手都能使用，所以我選用旋轉式原子筆，顏色則是黑色單一顏色。

另一方面，按壓式的多色原子筆因為可以單手使用，所以寫行事曆時我會使用按壓式原子筆。那麼，光是黑色一種顏色，要如何呈現工作重點呢？其實有好幾種方法可以使用。

●重要事項畫底線並加上邊框

●強調事項以大字突顯，參考事項以小字表示

●提問事項以「Q？」表示

●建議事項以舉手的插圖表示

●回去後的調查事項，以「調查」或「網路」（搜尋）表示

●已決定的事情用雙重邊框表示

就算只有黑色單一一個顏色，也能夠簡單地利用各種變化加以區別，請各位務必嘗試看看。

只用黑色單一顏色，也能夠呈現各種變化

重要事項	更重要的事項	參考程度的事情
畫底線	加框線	小字
對於接待客人感到不安	發生客訴	依現場狀況
強調的部分	**提問事項**	**提案**
大字	Q＋？	（舉手）
缺乏教育制度	Q. 參加者的年齡層？	角色扮演大會
回去後的調查事項	**網路搜尋事項**	**已決定事項**
調查	網路	雙重框線
調查 競爭商店的待客方式	網路 ××公司的首頁	舉辦角色扮演大會

◎讓後續工作方便進行的書寫方式。

04 整理事前調查的資料

與人見面或拜訪公司時，如果事先調查對方的背景資料，則對話或洽談過程就會進行順利。特別是如果與對方初次見面，最少也應該先看過對方公司的官網。

其他也請確認一下是否有刊登在報紙上的任何記事。**必要時，列印官網上需要的部分內容，或者剪下報紙記事貼在筆記本**、放入透明活頁夾等等。

見面當天，請把自己調查的資料帶去吧。當對方知道「這個人已經事先做好功課」，相信會覺得相當安心。

反過來說，還沒搞清楚對方的業種就前去拜訪，從第一印象開始就失去對方對你的信賴。另外，如果有人對自己或自己的公司保持高度興趣，一般人通常也都會感到高興。

據說自民黨的小泉進次郎議員在全國各地巡迴演說時，都會說說與當地相關的話題。在大分市演講一開頭，就說：「今天來到善於選舉的偶像故鄉……」以此來吸引聽者的注意力。我想這句話就是事前做好調查才說的吧。

最低限度也應該檢視官網

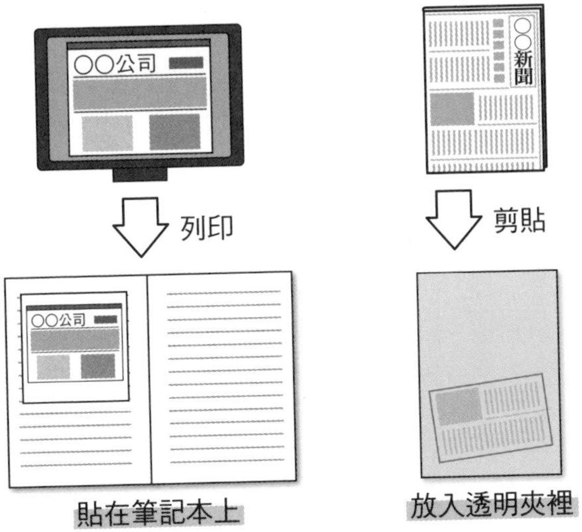

在筆記本寫下與對方的共同點

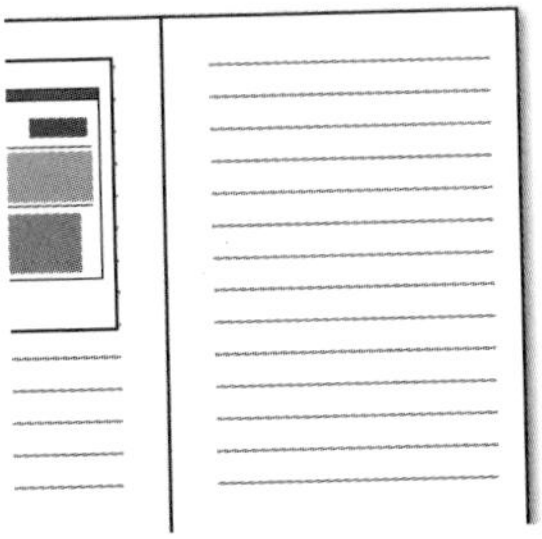

○○是北海道人耶！
我也是北海道出生的！
○○有換工作的經驗，我現在的公司也是我工作的第二家公司。

◎從事前調查即已分出勝負。

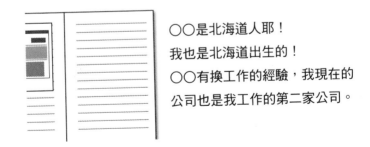

05 報告紙能夠分別歸檔

如果習慣使用筆記本的話，合併使用報告紙（Report Pad）也是一個好方法。

我使用的報告紙是與記事本同系列，黃紙紅線的A4紙張。

報告紙的優點是可以把紙張撕下來歸檔。有多個專案同時進行時，如果全都記在同一本筆記本，各專案的資訊就會分散在不同頁數。但是，**如果使用報告紙記錄，就可以依照客戶別或專案別歸檔，這樣檢視資料就很方便。**

另外，如果是一年做一次，時間間隔很長的工作，上次的工作資訊就會寫在其他本的舊筆記本上吧。像這種時候，可以試試使用報告紙。

外出時，把整本報告紙放在記事夾裡帶著走。記事夾較為堅硬，所以也比較重，不過在他人面前攤開記事夾，看起來也比較體面。

這是因為如果只把報告紙放在公事包裡，萬一那天下大雨，紙張就會淋濕而變得皺巴巴的。這樣不僅在客戶面前拿出來不好看，也是為了保護紙張的緣故，使用記事夾比較妥當。

資訊分散就會發生失誤

- 同時進行好幾個專案的人
- 與多位客戶共事的人
- 相同工作間隔一年的人

⇩

- 一本筆記本裡記錄各種專案而難以查詢資料
- 專案太龐大，一本筆記本記不下所有資料
- 不知道自己寫在哪本筆記本上

整理筆記變得輕鬆

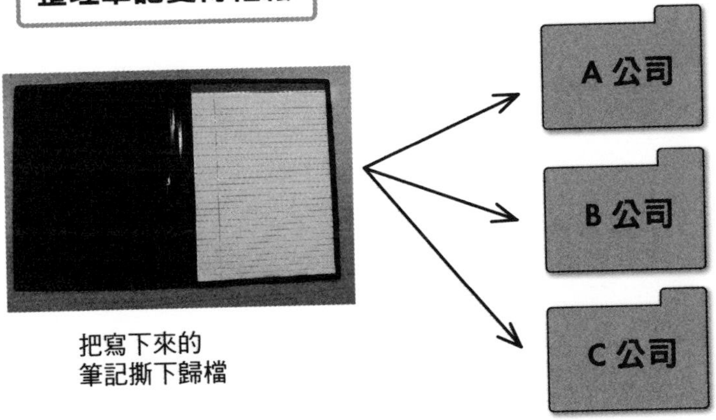

◎選擇好用的方法。

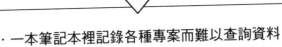

06 能夠製作成企劃書的筆記寫法

擬訂企劃案時，可以先把想法彙整在筆記本上，然後在電腦上一口氣完成。

使用筆記本跨頁的兩頁面。首先，**請在左頁畫一條縱線分成左右兩部分。左側是分析現狀，右側則是應有的樣貌。做出這樣的對比是擬訂企劃案時的重點。**

如果是要解決客戶的問題，左側條列出困擾的事情或煩惱的問題，也就是解決前，右側就是解決後，也就是改善後的想像畫面。請一邊想像客戶獲得解決的開心樣貌，一邊思考「能夠幫什麼忙」。

決定主題之後，就在右頁製作表格。

企劃書中的必要項目大致都已經決定了，所以可以一邊參考聽取客戶需求時所寫的筆記內容或參考資料、資訊等檔案，一邊填寫每個欄位。這時為了避免內容過於抽象，請盡量使用數字。

如果一下子就打開電腦製作企劃書，由於省略了思考過程，很難順利完成企劃書。請務必使用筆記本，仔細且深入地挖掘腦中的想法。

左頁

○／○ A 公司企劃書	
前	後
· 輸入錯誤多 · 不知道錯誤發生的原因 · 沒有預防錯誤的對策	· 輸入錯誤驟減 · 瞭解錯誤發生的原因 · 擬訂預防錯誤的對策

只要反過來做就好了

右頁

主題	減少 A 公司輸入錯誤的問題	
貴公司的課題	錯誤頻發 50 件／去年 201× 年（與去年度比 +15 件）	
目標	10 件／ 201× 年（與去年度比 -40 件）	
提案內容	1. 調查發生錯誤的實際狀況 2. 分析發生錯誤的原因 3. 建構預防錯誤發生的制度	
執行計畫	行程表 ------------ ------------	預算 ------------ ------------

以數字呈現

◎如果解決了公司的煩惱或問題，對方一定會非常高興。

07 也可以用自己的方式解決問題

解決問題時，如果有筆記協助，就可以一個人獨自整理想法，或在腦中整理混亂的思緒。**如果失誤多而感到困擾，就要從各方面找出原因**。

有人在工作中假設，「失誤增加會不會是健康狀況不好所致？」

他經常性加班，也因此經常感覺疲勞。雖然還不知道發生錯誤的原因，不過他在筆記本上寫出各種可能的因素，結果不經意地發現身體的問題，於是到醫院接受檢查。情況真如他所預料的那樣，需要積極治療。不過也多虧如此，他積極請假休息或是提早下班接受治療，幾個月之後，不僅身體變得健康，工作上的失誤也大幅下降。

解決這類問題時，可以使用各種不同的筆記技巧。

例如，畫魚骨圖、矩陣圖或是架構圖等等。只是，**每個人各自有擅長與不擅長的地方，不必勉強自己使用特定的方法**。以我來說，我寫文章還有一般的水準，但是畫圖就非常笨拙。

如果喜歡寫文章的人就寫文章，喜歡畫圖的人就用畫圖的方式。重點是要利用筆記找到解決問題的線索。

無需勉強自己使用架構圖

如果只是一直重複「為什麼」，那就輕鬆多了

最近經常發生錯誤

⇩ 為什麼？

因為重視輸入速度

⇩ 為什麼？

因為想早點下班回家

⇩ 為什麼？

一直覺得疲倦

⇩ 為什麼？

該不會是健康出問題？

◎重要的是先試著寫出原因。

08 在會議中能說出自己意見的筆記

你在會議中，能開口發表自己的意見嗎？

我二十多歲時，非常討厭開會。別說是對主管或前輩說出自己的意見了，光是想像那樣的畫面就能嚇出一身冷汗。果不出所料，偶爾就會被前輩點名：「出席會議光是安靜坐在那裡是不行的，偶爾也要試著說說自己的想法。」

從那時起，我就鼓起勇氣發言，而今我也變得喜歡開會了。

我們在會議中都會做筆記，不過如果腦中浮現想法，也要趕緊記錄下來。如果事前準備做得好，就算突然被指名發言也不會太驚慌，也可以預防腦中一片空白，什麼也說不出來的慘狀。

還有，**在會議中，接納他人意見是非常重要的。**「原來還有這樣的想法」，聽到任何意見都要以這樣的心態面對，這樣如果自己開口：「可以請各位聽聽我的意見嗎？」相信大家也都會樂意傾聽的。直接反對不具建設性，就如經營之神松下幸之助說的，在談笑氣氛中才能得到好的結論。

瞄一下自己寫在筆記本上的意見，試著抱持自信發言吧。

以對話框圈起來，就不會埋沒在其他資訊中

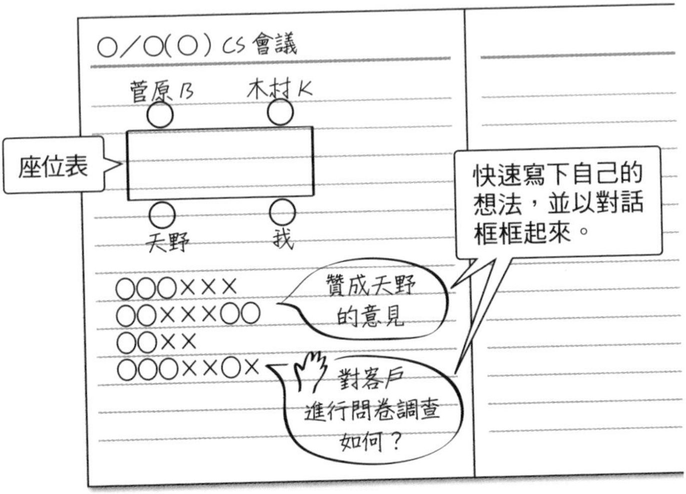

管理職或上級領導也會有疏忽的時候，
帶著自信試著表達自己的意見吧！

Yes And 法

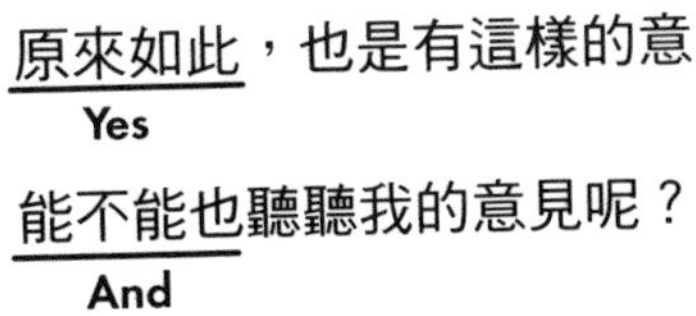
原來如此，也是有這樣的意見啊。

◎讓自己從觀察員晉升為成員吧！

09 一人的腦力激盪

提交企劃書或企劃案時，能否想出好的創意是成功的關鍵因素。

各位聽過腦力激盪嗎？這是在想出創意的會議中進行的方法。

進行腦力激盪時有四項原則。首先是重量不重質。不要在意創意的好壞，總之就是提出腦中浮現的想法。在研習課程中，也會使用決定數量的方法，例如，「一個人要提出七個想法」。

第二個原則是自由奔放，想到什麼就說什麼，毫無禁忌。

第三個原則是嚴禁批判，不可否定別人提出的意見。

最後是歡迎搭便車，「這個創意不錯啊。如果再加上一點」，像這樣搭便車形成另一個想法也是可以的。

不過，製作企劃書或提案報告時，通常都是自己一個人動腦思考，那就試著獨自進行腦力激盪吧。**決定主題後，不斷地在筆記本寫下腦中浮現的想法，而且只要寫關鍵字或詞彙就可以了。**

重要的步驟是如何篩選腦中浮現的想法。無論採用或丟棄，稍後再來判斷即可。本書也是先把腦中浮現的靈感寫在筆記本之後，再另外謄寫的。

腦力激盪的四項原則

- **重量不重質**　不要在意說出來的內容或覺得丟臉，總之要勇於表達。
也可以事先訂出要在特定時間之內說出幾個想法的規則。
- **自由奔放**　特別歡迎「不合常理」的創意。
- **嚴禁批判**　不可否定他人的想法。
- **歡迎搭便車**　可以利用別人的創意為基礎，衍生其他想法。

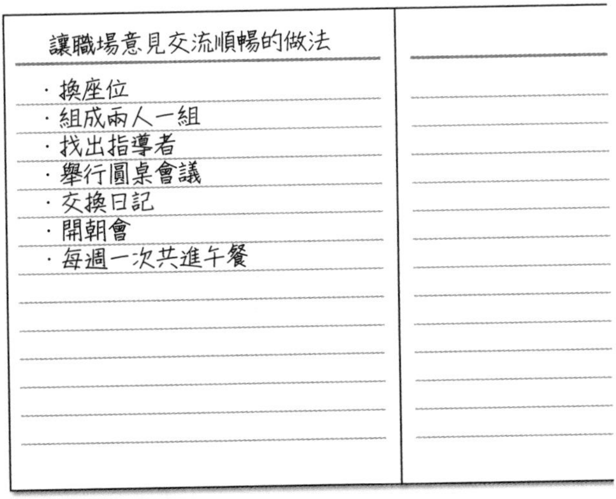
讓職場意見交流順暢的做法
· 換座位
· 組成兩人一組
· 找出指導者
· 舉行圓桌會議
· 交換日記
· 開朝會
· 每週一次共進午餐

沒有哪個企劃案從一開始就是完美的，
小種子也可能有發芽成長的機會。

◎如果有筆記，一個人也能夠想出創意。

10 回顧筆記的寫法

回顧筆記的跨頁分配給一週的時間剛剛好。

或許有人會疑惑「這樣書寫的格位會不會太小？」如果是七mm的列高，一頁可畫出三十行，分為三格的話，平均每一天就有十行可用。這樣的書寫空間非常充裕，也能夠毫無壓力地寫字。

事先用尺畫線並寫下日期，這樣就不會遺漏任何一天了。

到了星期五，請回頭看看一週的記錄內容。**由於第六天是空白，為了不重複相同錯誤，請在週六這個格位擬訂適當的因應策略吧。**

一星期擬訂一個策略，一年下來也有五十個策略，請務必連續出擊。日後回頭檢視筆記時，光是看這個格位，就會找到失誤驟減的線索。

一開始是完全空白的筆記本，因為你的用心而變身為具有價值的知識寶典。

下一個單元要介紹的「幾近意外」事項，也請務必事先填寫。

能夠輕鬆地持續記錄的方式

跨頁六等分＝一星期份

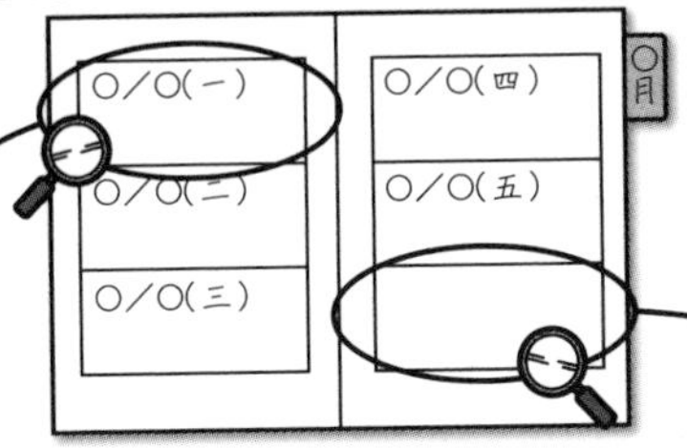

○／○(一)　成果	反省
輸入資料　200 件 比○／○快 3 分鐘！ 輸入錯誤 0 件！	事實：完全忘記報告書的提出日期 原因：明明記在行事曆上卻沒有拿出來看 對策：坐在辦公桌前要把行事曆攤開來

在空白處寫下消除錯誤的策略

1. 坐在辦公桌前要把行事曆攤開來

· 日後光是看此欄位記錄的內容，就是對工作大有助益的知識寶典。
· 升級成為想回頭翻閱的珍貴筆記本。

◎如果寫下反省內容，就可以消除失誤。

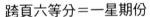

11 事先寫下「幾近意外」的事項

所謂「幾近意外」，指因為即時發現，而得以避免重大災害或事故發生的事情。在醫療現場中，共享幾近意外事項將有助於預防失誤的發生。

另一方面，做辦公室行政工作的人有許多事情都是不公開的，為了不影響考核成績，一般人會盡量隱藏錯誤。我想這是真心話。

如果出現錯誤就要往上報告。報告、聯絡、商量是工作時的基本動作。不過搞不好連主管也沒有提醒部下，「若遇到幾近意外的事項就要向上呈報」。

若是這樣的話，那就自己悄悄地寫在筆記本上吧。**因為「哎呀，好危險」的事項，就是日後進行相同工作時，預防失誤的主要檢視重點。**

這話怎麼說呢？前幾天我送出請款單的前一刻，才赫然發現「消費稅計算錯了」。那家公司是睽違數年後又委託工作的公司，因為沿用上次的請款單檔案，所以稅率還是維持舊制的五％。

當我發現這個問題，鬆了一口氣，如果不加以運用這個經驗，那就太可惜了。

幾近意外事項是寶藏。記錄在自己專用手冊或回顧筆記內，事先決定好必須檢視的項目，這樣就有助於預防錯誤發生。

行政工作的幾近意外，
指在錯誤發生前一刻即時發現

沒有向上報告的義務

⇩

寫在回顧筆記的反省欄中，有助於預防錯誤發生

成果	反省
	幾近意外：請款單的消費稅還維持在舊制的 5%。 原因：因為沿用數年前使用的 Excel 檔案。 對策：為了預防消費稅再度調漲，以紅字標示儲存。

在個人專用手冊中建立檢查項目清單。

請款單的檢視項目

	消費稅是否正確？
	明細加總後的金額是否等於總額？
	日期以 Excel 的函數「TODAY」呈現，檢查是否與發信日同一天？

◎如果不靈活運用幾近意外的事項，那就太可惜了。

12 儲存話題筆記

「閒聊時應該說些什麼才好呢？」提供諮詢時，經常有人問這個問題。

的確，以緊張又生硬的表情面對他人、突然切入正題等，很可能會被貼上「拙於溝通」的標籤。如果你有這樣的困擾，**請在筆記本寫下聊天話題吧**。這是不會成為金錢的話題存摺。

舉例來說，如果事先就決定好三個安全問題，那就輕鬆多了。

「最近狀況怎樣？」、「加班多嗎？」、「有沒有休假呢？」這些問題無論何時、何地、對誰都能夠使用。如果不善說話，丟出問題讓對方說話就好了。我自己都是用這三個問題走遍天下。當對方回應「我們公司加班好多呀～」、「前陣子才請特休去旅行呢」，這樣就打開話匣子了。

認真一點的人，**可依照不同對象準備不同話題**。在筆記本上記錄每個人不同的興趣或擅長事物，或是寫下見面後要記得傳達的事情等。

據說搞笑藝人都擁有一本笑梗筆記。光靠即興演出，失敗的機率高，所以平常就要累積有趣的話題。

如果不善言辭，讓對方說話就好了

萬用問題

最近好嗎？

要經常加班嗎？

有沒有休假呢？

事先蒐集話題

見面之前，在筆記本上寫出各種話題

△△先生
最喜歡旅行，
可請教各觀光景點的特色

□□先生
美食家，
可請教好吃的餐廳

○○小姐
寵愛小孩，
可聊小孩成長的話題

◎小小的準備讓你變得擅長溝通。

13 記錄出差投宿的飯店

出差時，因為交通移動或心情緊張，所以想在投宿飯店中好好放鬆一下。只是，預約飯店時，就算仔細研究過飯店官網，一旦登記入住，也可能發生不符合期待的情況。

例如，商業旅館提供的盥洗用具。只有雙效合一洗髮精、毛巾看起來破破爛爛的……不知各位是否有過這種後悔莫及的經驗？大半夜的，去附近超商採購也覺得麻煩。

舒適與不舒適的環境會大幅影響工作幹勁。下一次要換另一家飯店？或再來光顧？這些資訊與出差記錄都一併寫下來吧。

在筆記本記錄飯店的優點與缺點。

覺得住在電梯前面的房間影響睡眠、房間太乾燥等，下次入住就可以事先要求「盡量安排離電梯遠一點的房間」、「想借一台加濕器」。

當然，也請找出飯店的優點。例如，交通方便、早餐豐盛、每人供應一瓶礦泉水、有大澡堂等等。這樣出差也一定會變得開心。

記錄

KY 飯店　★	
〈Good〉 交通方便。 空間狹小， 但有大澡堂。	〈Better〉 臥室拖鞋普通。 →要自帶用完即丟拖鞋。

輕鬆飯店　★★	
〈Good〉 提供一瓶礦泉水。 →可以不用在超商買。	〈Better〉 早餐 CP 值不高。 →在附近的咖啡館 吃早餐比較好。

如果找到滿意的飯店，就可經常光顧。只是，人氣飯店若不提前預約就會客滿，大阪等熱門地方也可能訂不到，建議多準備幾個口袋名單。

◎選擇能夠提高工作表現的飯店。

第 7 章

可實現夢想與目標的記錄術

01 管理高層經常做筆記

本章將介紹各位一定可以達成目標的記錄訣竅。

日產汽車社長兼CEO（譯註）卡洛斯・戈恩（Carlos Ghosn）曾經這麼說過：

「成功的人並非『絕對不會失敗的人』。面對狀況惡化的情境時，他們能夠即時反應，所以才有機會成功。任何人都會失敗。（略）**最重要的是『及早探知失誤』**。」（日經電子版二〇一六年七月二十七日）

我在各企業見到的高層人員，平常就致力於風險管理。**隨時隨地都把行事曆與原子筆帶在身邊，宛如身體的一部分**。詢問他們這麼做的理由，回答是：「我總是保持隨時可以書寫的狀態，萬一聽到不好的訊息可以馬上記錄。」

不只對自己的失誤負責，也對全公司失誤負責的人，不會叫部下：「喂，你幫我做筆記。」他們知道親手做筆記的重要性，也正因為長年持續這個習慣，所以今天才會擔起這個重任。

準備往下一個階段前進的人，都有做筆記的習慣。

譯註：卡洛斯・戈恩已於二〇一七年四月卸下社長及CEO之職，從原本兼任會長轉為專任會長。

高階主管的共通點

1. 擅長利用傾聽引導話題。
2. 一邊聽話，一邊做筆記。
3. 一有空閒時間，就會檢視備忘錄與行事曆上的行程。

聽 → **寫** → **讀**

留在記憶之中

↓

運用成為商機

◎持續將累積能力。

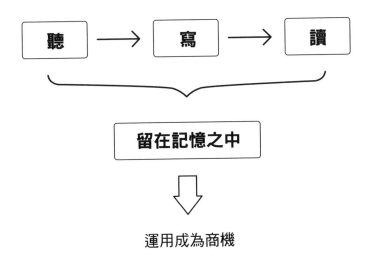

02 實踐項目清單

待辦事項清單記錄的是今天要做的事情。如果想要實現目標，請另外建立實踐項目清單吧。國家政策或企業經營都有中長期目標，根據此目標決定眼前的實踐計畫。個人也可以模仿這樣的做法，試著寫出自己想要實踐的目標。

「對未來感到不安」，有時會聽到有人吐露內心的煩惱。我想任何人對於工作、健康、金錢、家庭等等，多少都會感到種種不安吧。與其在內心煩惱著，是不是應該積極面對目標，試著踏出實踐的第一步呢？接著就是等待機會而已。

我剛創業時，在名片背面列出五件實踐項目。這五個項目當中，有經驗的只有其中一項而已。即便如此，幾年之後我卻都做到了，真叫人感到不可思議。我想，**這是因為我把想要實踐的項目寫成文字視覺化的緣故**。如果你一直以來總是徬徨不定，請在筆記本寫下各種想做的事情，然後鎖定五項。

列舉出來的項目可以當成自己的祕密，不過如果給別人看，或許也有可能獲得協助或關照的機會。

我的強項是什麼呢？
不只是興趣而已，能不能當成事業呢？
以往的經歷能夠拿來運用嗎？
能夠跟別人產生差異嗎？

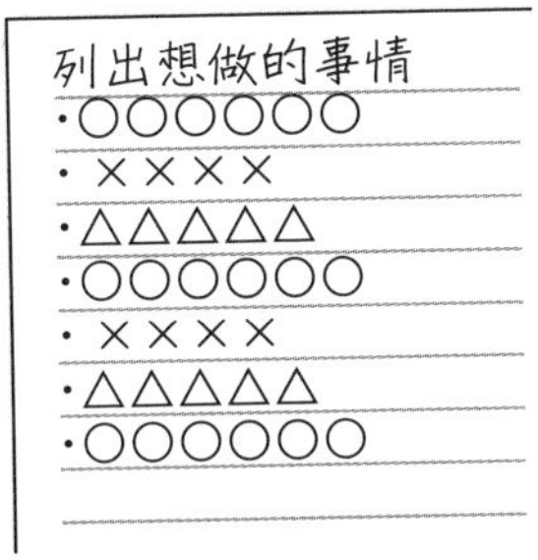
列出想做的事情
・○○○○○○
・××××
・△△△△△
・○○○○○○
・××××
・△△△△△
・○○○○○○

鎖定並寫成文字
給別人看

Vitamin M 為企業繁榮與社會人的自我實現做出貢獻

業務內容

- 公司內部研習課程　企劃、講師
- 公開的研討會　企劃、講師
- 工作現場改善諮詢顧問
- 手冊、教材研發
- 撰文

2006 年創業時製作的名片背面

◎光是在腦子裡空想，機會不會降臨。

03 「總有一天」是禁語

若想實現目標，有句話是絕對不能講的。

那就是「總有一天」。例如，「總有一天我會帶領部下」、「總有一天我會獲得社長獎」、「總有一天我要出書」。聽到這樣的發言，我就想回一句：「嗯嗯，請加油。」不過，很遺憾的，說出這些話的人鮮少會傳來好消息。

為什麼呢？因為他們設了一個「總有一天」的籠統期限。處於一個「總有一天我要……」的狀態，最後就容易以幻想告終。

另外，如果總是把緊急工作列為優先處理項目，就會把沒有期限、自己的事情往後延，最後永遠沒有開始動手的一天。請各位仔細想想，我們的時間並非無限，總有終止的一天。

總之，只有付諸行動的人才能夠達成目標。

因此，「總有一天」是禁語。

請決定「〇年〇月〇日之前」這樣的期限吧。這麼做的話，模糊描繪的夢想就會變成現實，也會落實為具體的計劃。把實踐清單上的各個項目都加上完成期限吧。

要做不緊急但重要的事情

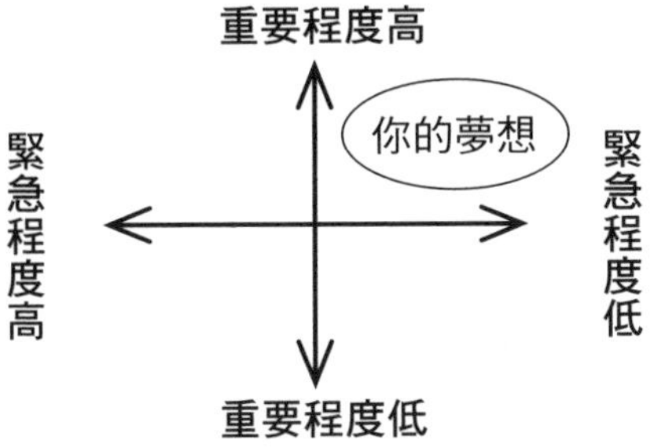

奧林匹克選手每一年決定一個目標

2020 年　在東京奧林匹克運動會獲得金牌

↓ 若想達到這個目標

2019 年　在亞洲大會獲得冠軍

↓ 若想達到這個目標

2018 年　在日本大會獲得冠軍

現役的運動選手能夠活躍的時間比上班族短很多。相形之下，我們的心態就容易變得閒散。每一年都請決定一個截止時間吧。

◎列出想做的事情，並加上截止日期。

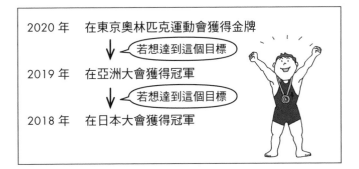

04 把目標與口號寫進行事曆

開始使用行事曆時，請把今年一整年的目標寫在第一頁。如果是從一月開始的行事曆，就寫在一月份，從四月開始的行事曆，就寫在四月份。

另外，每個月或每週的小目標、口號或工作等，也都先決定好。這樣不僅可以預防不小心忘記或疏忽遺漏，也可以順利管理工作的進度。

在職場上，許多人都有一套目標管理制度。然而，也有人會把工作量訂為目標。因為是工作，所以就算不是自己真心想做的事，也非做不可。

另一方面，**寫在行事曆上的目標，是為自己寫的目標，而非組織的目標。**所以公、私混用也沒關係。不只是工作，充實每天的生活或人生才是終極目的。

我自己在一年開始的一月份，都會決定自己的目標。雖然目標是以工作為核心，不過每年也都會寫出人際關係的感想、金錢、時間的運用，或是自我啟發等事項。

訂目標與否，一整年的生活方式將會完全不同。但如果因此形成壓力，那就本末倒置了。所以「希望願望能夠實現」這樣的祈願，或許對自己而言才是適當的推動力。

決定每年、每月、每週的目標

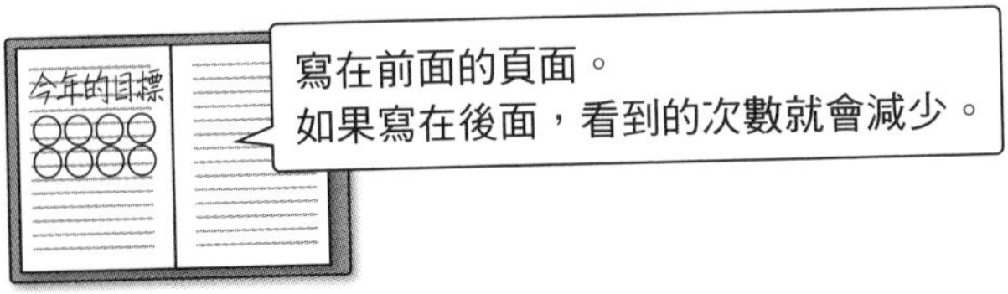

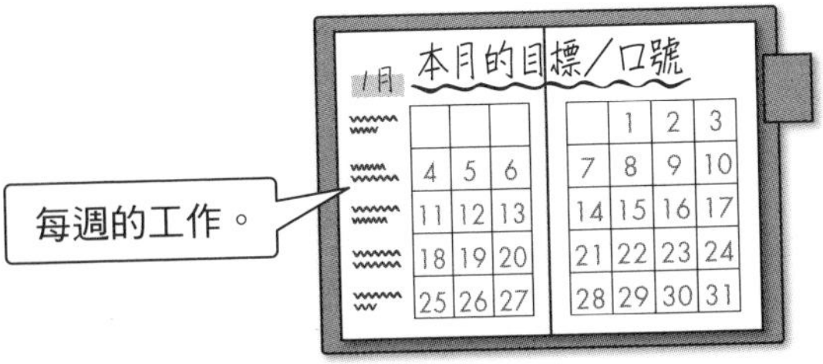

用完一本行事曆後，要記得回顧

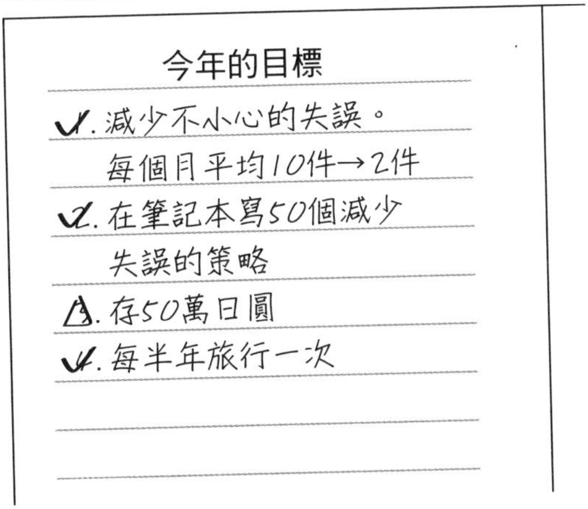

◎如果是為自己好的目標，就會樂在其中！

05 寫下自己的座右銘

如果想要達成目標，就要集中精神投入。但若想做到這點，腦中的想法就不能飄浮不定，內心要守住一個堅定的主軸。

那麼，請問各位是否有激勵自己的座右銘呢？

請務必把座右銘寫在行事曆或筆記本上。做出一項決定之後，一旦遇到瓶頸，座右銘就會激勵你，或是幫助你找到解決的線索。

座右銘可以是自己景仰的人，例如，運動選手、知名人士或是創業家所講的話，也可以翻閱市售的名言錄尋找。相信你一定會找到「適合自己」，或「可以獲得活力」的話語。

我自己喜歡的一句話是：「我無法改變別人與過去，但是我可以改變自己與未來。」這是加拿大精神科醫生艾瑞克・伯恩（Eric Berne）所說的話。聽到這句話至今已經過了二十年，仍舊十分受用。

語言是有力量的。建議寫下自己覺得受用的座右銘，並且不時回顧，從中獲得鼓勵與協助。

何謂座右銘？

放在內心激勵自己，或引以為戒的句子。

例如……

光是活著就是人生最大的財富。

明石家秋刀魚

若想有特別的作為，
不是做特別的事；
若想有特別的作為，
是像平常一樣，做理所當然的事。

鈴木一朗

假如今天是我生命的最後一天，
我的作為將有所不同嗎？

If today were the last day of my life,
would I want to do
what I am about to do today?

史蒂夫．賈伯斯

◎從喜歡的話語中獲得力量。

06 準備創業的筆記

結束研習課程或研討會後，我通常會接受學員的個人諮商。每個人都會對我吐露心事，例如，「其實我對其他工作感興趣。但是現在的公司禁止員工兼差，所以我煩惱是不是應該辭職。」、「我想要創業，但是我又必須養家，禁不起任何風險。」

公司「禁止兼差」的規定指的是你不能從事具有對價關係的工作。換個角度說，公司並沒有禁止你做事前的準備或學習。因此，無須急著現在做決定。

當然，我也不是鼓勵你忽略現在的工作，而沉迷於轉行或準備創業。如果自己選擇的工作沒有做出成果，就算換另一個舞台，順利運作的機率也不會太高吧。

在此建議各位製作個人專用筆記本。每天下班或假日，天馬行空地構思各種不同的方案。就如同「準備八成，實作兩成」這句話說的，成功的人一定會花很多心思在準備工作上。

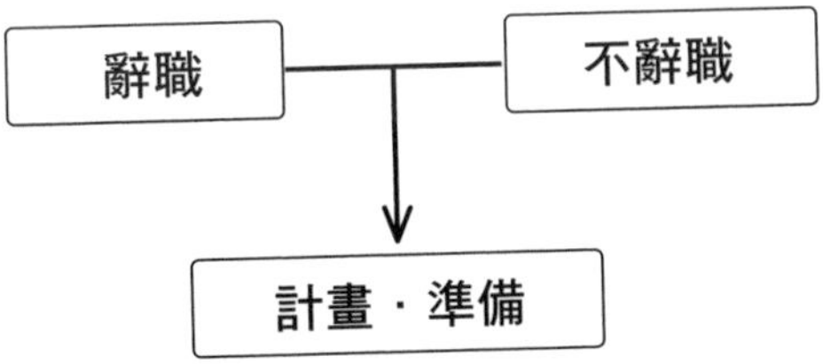

不要忘記兩種選項以外的其他選項

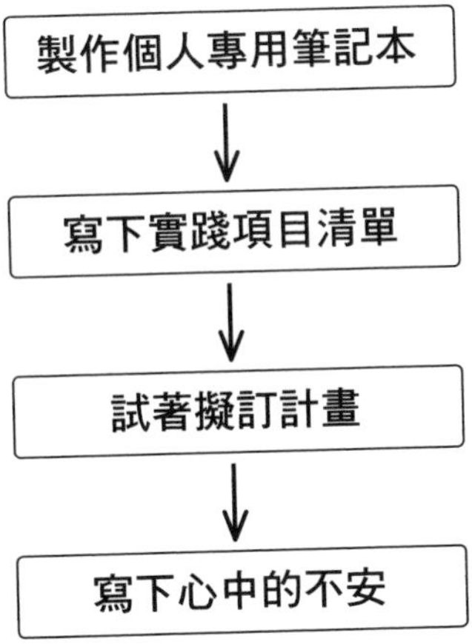

※每個人的時機各不相同。

・等存夠錢再來挑戰。
・如果公司有優退的機會就來挑戰。
・滿意現在的公司，等退休後再來挑戰。

◎製作個人專用筆記本。

07 善加利用聚餐場合

雖說工作聚餐的場合可以不拘禮節，不過如果以平輩的用語對主管說話、或是喝醉了纏著主管等等，多少也會對工作產生負面影響。

優秀的人不會因為喝得爛醉而犯錯。總是一不小心就喝過頭的人，如果以能否在行事曆上寫字來當成檢驗標準，大概就不會出現喝醉的情況了。

在喝酒的聚會中，有時候可以問到有用的資訊。也可以請上級主管建議好看的書、電影，或是提供好的見解等。有點醉意時比清醒時更容易忘記，所以趕緊記在行事曆上才是聰明的做法。

在聚餐或招待的場合中，如果在餐桌上攤開筆記本就無法放餐點，也會被視為「無法關掉工作模式」、「不懂餐桌禮儀」。取而代之的是，**快速從公事包取出行事曆，寫完再快速放入公事包，這樣的做法看起來感覺更加幹練**。

雖然讀者可能覺得囉嗦，不過不知不覺就想再多介紹一個技巧給各位。

聽到有用的話時，請先打個招呼：「這句話很有用，我可以寫下來嗎？」然後在對方面前做筆記。這樣一定會提高對方的自尊心。

與主管或客戶喝酒時，以學習的心態處之

喝醉了就不用談了

如果打開筆記本就無法放鬆

有技巧地寫在行事曆上

◎如果聽到好的訊息卻左耳進右耳出，那就太可惜了。

08 運用人際關係

在社交軟體看到別人每天都過得非常充實，就會覺得「朋友那麼多，真是羨慕哪」；看到同事率先升官，也會覺得「有主管提拔真好」。最後的結論就是「人脈還是非常重要啊」。

每個人的想法各有不同。不過，我認為與其胡亂結交朋友，更重要的應該是經營現有的人脈。因為基本上你不會找網友商量重要事情。

因此，不管人數多寡，請先在筆記本上畫出你的人際關係圖。**相識的緣由或發展脈絡就如樹木的枝葉擴散出去，透過人際關係圖就能夠一覽無遺。**

為什麼要畫人際關係圖呢？因為我希望你能夠察覺機會之神其實就在你身邊。要不要先試著從人際關係圖中找一位可商量的人呢？相信對方一定會給你好的意見或為你加油的。

還有，不要急著追求結果，這是很重要的心態。如果用心「什麼都認真學」，相信這樣的態度會吸引對方。要耐住性子，當機會一來，對方自然會想到你，然後幫你牽線。這樣的耐心等待，才是適當的做法。

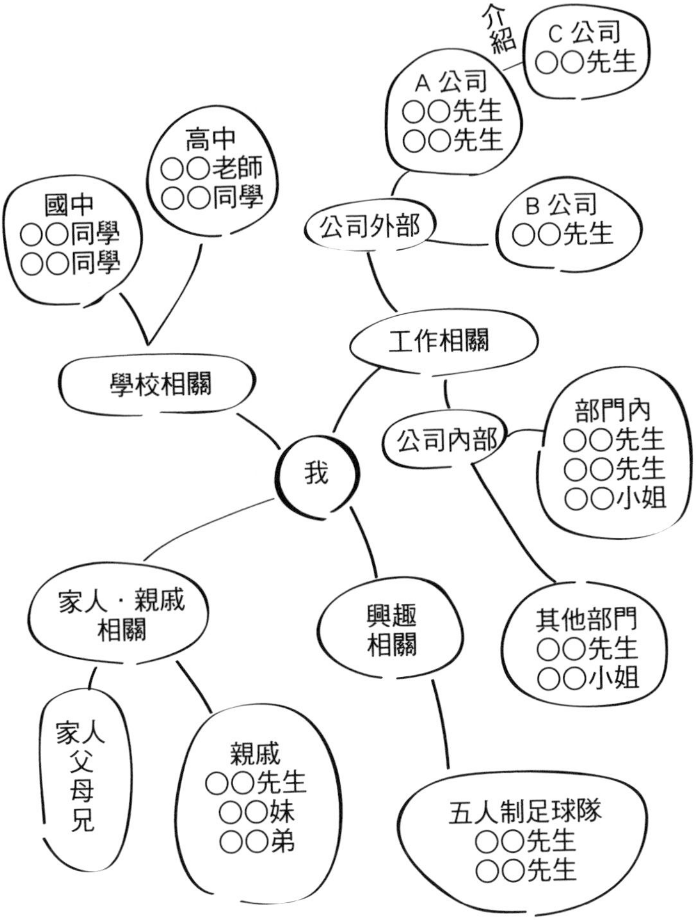

◎能夠與你商量的人，一定就在你身邊。

結語

謝謝你從茫茫書海中，挑選本書閱讀。

行事曆、備忘錄或筆記的寫法，並沒有正確答案，也不容他人置喙。不過，如果你期盼「大量減少工作上的失誤」，我想我多少能幫上一點忙。我便是基於這樣的想法而完成這本書。

本書依章節分別介紹行事曆、備忘錄以及筆記的寫法。不過，把什麼內容寫在哪裡，每個人習慣各不相同。例如，有人把待辦事項寫在行事曆上，也有人會寫在記事本或筆記本上；有人會把清單留下來，也有人會丟掉。

請親自嘗試各種方法，找出最適合自己的做法。當你找到自己滿意的做法之後，最重要的就是持續下去。

撰寫本書時，「白鶴報恩」這則日本民間故事閃過我腦海中。「白鶴報恩」是描寫受到恩人救助的白鶴，拔下自己的羽毛為恩人織布的故事。我想表達的是，以前我在工作上發生過許多失誤，但是也受到許多人的幫助。為了報恩，我希望透過本書，把我的學習心得回饋給讀者，我想這也是我的使命。

如果內心抱持著「不想再犯錯」的積極態度，一定會獲得滿意的成果。請一點一滴地養成書寫的習慣，相信一定會獲得大幅減少錯誤的美妙獎賞。

此外，本書多虧結識多年的好友西田教授提供醫學方面的知識。西田教授工作極為忙碌，卻總是笑臉以對，真的非常感謝。

本書是由久松圭祐先生企劃與編輯。這次與信賴的久松先生再度合作，真的非常幸福。在這裡也藉此版面向明日香出版社的石野社長、員工以及所有相關工作人員，致上我最誠摯的謝意。

從現在起，期待透過明日香出版社轉達讀者傳來的好消息：「我的工作減少好多錯誤了！」不過，如果這個也想做，那個也想做，那就太累人了。請先決定「就是這件事！」然後務必從今天起開始付諸行動吧。

好了，我的羽毛也所剩無幾了，在此擱筆。祝福各位都能夠順利減少工作上的大部分失誤。

鈴木真理子

國家圖書館出版品預行編目(CIP)資料

一流商業人士都在用的行事曆・備忘錄・筆記活用術 / 鈴木真理子著 ; 陳美瑛譯. -- 初版. -- 臺北市 : 商周出版 : 家庭傳媒城邦分公司發行, 民107.07
200面 ; 14.8×21公分. -- (ideaman ; 100)
譯自 : 仕事のミスが激減する「手帳」「メモ」「ノート」術
ISBN 978-986-477-466-1(平裝)

1.工作效率　2.事務管理　3.時間管理

494.01　　107007547

ideaman 100

一流商業人士都在用的行事曆・備忘錄・筆記活用術

上班族必備！工作不失誤、不遺漏、不延遲的關鍵技巧

原 著 書 名／仕事のミスが激減する「手帳」「メモ」「ノート」術
原 出 版 社／有限会社明日香出版社
作　　　者／鈴木真理子
譯　　　者／陳美瑛
企 劃 選 書／何宜珍、劉枚瑛
責 任 編 輯／劉枚瑛

版　權　部／黃淑敏、翁靜如、吳亭儀
行 銷 業 務／張媖茜、黃崇華
總　編　輯／何宜珍
總　經　理／彭之琬
發　行　人／何飛鵬
法 律 顧 問／元禾法律事務所　王子文律師
出　　　版／商周出版
台北市104中山區民生東路二段141號9樓
電話：(02) 2500-7008　傳真：(02) 2500-7759
E-mail：bwp.service@cite.com.tw
Blog：http://bwp25007008.pixnet.net./blog
發　　　行／英屬蓋曼群島商家庭傳媒股份有限公司城邦分公司
台北市104中山區民生東路二段141號2樓
書虫客服專線：(02)2500-7718、(02) 2500-7719
服務時間：週一至週五上午09:30-12:00；下午13:30-17:00
24小時傳真專線：(02) 2500-1990；(02) 2500-1991
劃撥帳號：19863813　戶名：書虫股份有限公司
讀者服務信箱：service@readingclub.com.tw
城邦讀書花園：www.cite.com.tw
香 港 發 行 所／城邦(香港)出版集團有限公司
香港灣仔駱克道193號超商業中心1樓
電話：(852) 25086231傳真：(852) 25789337
E-mailL：hkcite@biznetvigator.com
馬 新 發 行 所／城邦(馬新)出版集團【Cité (M) Sdn. Bhd】
41, Jalan Radin Anum, Bandar Baru Sri Petaling,
57000 Kuala Lumpur, Malaysia.
電話：(603)90578822　傳真：(603)90576622
E-mail：cite@cite.com.my

美 術 設 計／簡至成
印　　　刷／卡樂彩色製版印刷有限公司
經　銷　商／聯合發行股份有限公司
電話：(02)2917-8022　傳真：(02)2911-0053

■2018年（民107）07月05日初版
Printed in Taiwan

定價／300元

城邦讀書花園
www.cite.com.tw

ISBN 978-986-477-466-1

廣　告　回　函
北區郵政管理登記證
台北廣字第000791號
郵資已付，免貼郵票

104 台北市民生東路二段 141 號 2 樓

英屬蓋曼群島商家庭傳媒股份有限公司

城邦分公司

請沿虛線對摺，謝謝！

書號：BI7100　書名：一流商業人士都在用的行事曆・備忘錄・筆記活用術　編碼：

請於此處用膠水黏貼

商周出版

讀者回函卡

謝謝您購買我們出版的書籍！請費心填寫此回函卡，我們將不定期寄上城邦集團最新的出版訊息。

姓名：____________________ 性別：□男 □女

生日：西元________年________月________日

地址：____________________

聯絡電話：____________傳真：____________

E-mail：____________________

學歷：□ 1. 小學 □ 2. 國中 □ 3. 高中 □ 4. 大專 □ 5. 研究所以上

職業：□ 1. 學生 □ 2. 軍公教 □ 3. 服務 □ 4. 金融 □ 5. 製造 □ 6. 資訊
□ 7. 傳播 □ 8. 自由業 □ 9. 農漁牧 □ 10. 家管 □ 11. 退休
□ 12. 其他____________

您從何種方式得知本書消息？

□ 1. 書店 □ 2. 網路 □ 3. 報紙 □ 4. 雜誌 □ 5. 廣播 □ 6. 電視
□ 7. 親友推薦 □ 8. 其他____________

您通常以何種方式購書？

□ 1. 書店 □ 2. 網路 □ 3. 傳真訂購 □ 4. 郵局劃撥 □ 5. 其他______

您喜歡閱讀哪些類別的書籍？

□ 1. 財經商業 □ 2. 自然科學 □ 3. 歷史 □ 4. 法律 □ 5. 文學
□ 6. 休閒旅遊 □ 7. 小說 □ 8. 人物傳記 □ 9. 生活、勵志 □ 10. 其他

對我們的建議：____________________

Idea man